社交媒体大数据
智能情感分析技术

◎ 谭旭　庄穆妮　梁俊威　吴俊江　著

清华大学出版社
北京

图书在版编目(CIP)数据

社交媒体大数据智能情感分析技术/谭旭等著.—北京：清华大学出版社，2023.6(2023.11重印)
ISBN 978-7-302-63594-9

Ⅰ.①社⋯ Ⅱ.①谭⋯ Ⅲ.①传播媒介—数据处理 Ⅳ.①G206.2 ②TP274

中国国家版本馆 CIP 数据核字(2023)第 092791 号

责任编辑：陈凯仁
封面设计：刘艳芝
责任校对：薄军霞
责任印制：刘海龙

出版发行：清华大学出版社
　　　　网　　　址：http://www.tup.com.cn，http://www.wqxuetang.com
　　　　地　　　址：北京清华大学学研大厦 A 座　　　邮　　编：100084
　　　　社　总　机：010-83470000　　　　　　　　　邮　　购：010-62786544
　　　　投稿与读者服务：010-62776969，c-service@tup.tsinghua.edu.cn
　　　　质量反馈：010-62772015，zhiliang@tup.tsinghua.edu.cn
印　装　者：大厂回族自治县彩虹印刷有限公司
经　　　销：全国新华书店
开　　　本：170mm×240mm　　印　张：10.5　　插　页：3　　字　　数：223 千字
版　　　次：2023 年 7 月第 1 版　　　　　　　　　印　　次：2023 年 11 月第 2 次印刷
定　　　价：62.00 元

产品编号：098181-01

随着大数据、人工智能、云计算等新一代信息技术的加速创新,互联网呈现出多元发展态势,极大地改变了我们的生活方式和认知世界的形式。社交媒体作为互联网的重要媒介表现形式,记录了人们海量的网络信息行为,蕴含了大量形式复杂多样、价值深埋有待挖掘的信息,使得公众对某些公共事件或议题的看法、观点、情绪、立场的传达更为直接,也为公众参与国家经济、政治、文化、社会、生态文明建设提供了更多的可能性和公平性。

社交媒体平台通过网络信息传递情感和意见,越来越呈现移动化、智能化、社交化的新型格局,助推着一场前所未有的数字化革命,也引导着政府机关和企事业单位及时倾听民众声音、同民众进行实时交流、促进社会和谐发展。然而,在社会转型的关键时期,社会问题和社会矛盾比以往更加复杂和多变,并且首先集中在社交媒体平台上,形成强大的舆论压力,也为相关部门应对网络舆情的管理和态势研判带来巨大的挑战。对社交媒体平台的信息进行合法、灵活的采集与分析,不仅可以理解和解释许多复杂的社会现象,而且可以进行精准的舆情监督和引导,亦是党和国家提高社会治理专业化、法制化、智能化水平的新需要。

团队在大量国内外前沿研究的基础上,结合机器学习、自然语言处理、大数据分析、社会传播等多学科理论和实用技术,从社交媒体大数据情感分析的核心理论方法、主流技术模型和典型场景应用等方面进行了全面刻画和多角度的创新研究。本书第1章剖析了社交媒体大数据情感分析的内涵以及多学科支撑理论,综述了研究的前沿动态;第2章从入门实战的角度,详细介绍了社交媒体数据的主流获取方法以及考虑复杂、非结构化特性下的数据预处理技术;第3章分步骤详细描述了基于机器学习方法的社交媒体大数据智能分析关键技术和前沿模型,为读者夯实相关理论模型基础;第4章系统性地构建了社交媒体大数据智能情感分析及预测的完整框架模型,探讨了基于歧义表达情境下开展细粒度情感分析和舆情动态变化下的情感预测改进算法;第5章采撷了典型的社会热点事件开展实证分析,结果表明本书所提出的社交媒体大数据情感分析方法能够较好地刻画突发公共事件网络舆情演化过程,并能为相关部门进行舆情监测和干预治理提供精准的决策支持。

　　本书可作为计算机科学、情报学、传播学、管理科学、公共管理等学科领域的高年级本科生及研究生教材,也可作为从事人工智能、大数据分析、自然语言处理、情报分析、管理决策相关研究的科研、设计和工程技术人员的参考书籍,还可作为各级政府和企事业单位开展网络舆情分析与管控研究的指导手册。

　　本书以严谨、科学的态度推介了各种主流的情感分析方法以及团队取得的阶段性研究成果,部分章节来源于团队已公开发表的学术论文。本书中的相关研究也得到了国防科技大学谭跃进教授、吕欣教授,西安电子科技大学邢立宁研究员,湘潭大学毛太田教授、邹凯教授,长沙学院李勇教授的指导和帮助。学生陆振昇、吴璞、欧俊威、蓝凯城参与了部分早期资料的整理和研究工作,在此一并表示感谢。

　　本书得到"鹏城学者"专项资助基金、教育部人文社会科学研究项目"基于深度学习的医疗纠纷突发事件网络舆情预警与干预"(编号：17YJCZH157)、广东省普通高校创新团队"视频图像大数据公共安全应用创新团队"(编号：2020KCXTD040)的支持。本书的顺利完稿也得益于大量国内外研究成果的参阅,在此谨向这些成果的作者以及由于篇幅所限未在参考文献中提及的相关文献作者致以诚挚的谢意和崇高的敬意。受限于研究视角和研究水平条件,本书难免存在不足或疏漏之处,敬请广大读者和各界专家批评指正。

作　者

2023 年 4 月

目录

第 1 章

社交媒体大数据情感分析的理论基础

1.1 社交媒体大数据情感分析的研究背景

1.1.1 社交媒体大数据与社会治理

2022 年 10 月,党的二十大胜利召开,为我们描绘了在新的历史条件下以中国式现代化全面建设社会主义现代化国家、全面推进中华民族伟大复兴的宏伟蓝图,为加快我国社会治理现代化指明了方向。党的二十大报告对"推进国家安全体系和能力现代化,坚决维护国家安全和社会稳定"作出了战略部署,强调"提高公共安全治理水平,提高重大突发公共事件处置保障能力",要求"完善社会治理体系,健全共建共治共享的社会治理制度,提升社会治理效能"。由此,我们要紧紧围绕"十四五"规划和 2035 远景目标等重大节点,全面达成"到 2035 年基本实现社会治理现代化,到本世纪中叶全面实现社会治理现代化"。民之所盼,政之所向,根据人民网在 2023 年 2 月 1 日—27 日期间开展的由 581 万人次参与的第 22 次全国两会调查,"社会治理"关注度再次入围前十。

在此背景下,新时期我国社会不断涌现的新变化和新需求对党和政府应对社会问题和提供公共服务提出了更高要求。大数据技术的深度数据挖掘、广度信息聚合、扁平网络传递等特性正好与社会治理改革的需求相契合,现代社会治理理念所强调的治理主体的多元化、治理过程的互动性、治理手段的科学化等有了更强的技术支持和更广阔的实践空间,能够更好地赋能民生福祉。在社交媒体与大数据技术、人工智能技术的融合趋势下,已然成为推动我国社会治理改革的重要契机和核心技术力量。

1. 全国社交媒体发展强劲

根据中国互联网络信息中心(CNNIC)在京发布的第 51 次《中国互联网络发展状况统计报告》显示(中国互联网络信息中心,2022),截至 2022 年 12 月,我国网民规模达 10.67 亿,互联网普及率达到 75.6%。我国互联网络蓬勃发展,超 10 亿网民见证了我国网络强国的建设历程。随着大数据、云计算、人工智能等技术的加速创新,互联网的应用也呈多元发展态势,在线支付、在线购物和社区团购等电子商务应用层出不穷,视频直播、网络游戏、网络音乐和网络文学等网络娱乐应用日新月异,网约车和在线医疗等公共服务应用方兴未艾。互联网应用的高速发展颠覆了网民生活的全领域、全过程,互联网不再是脱离现实社会的虚拟空间,互联网的去匿名性、缺场行动的常态化和互联网空间的商业化,使得互联网空间正在被再生产为具有经济、政治等现实意义的社会——网络空间[1]。

在互联网的接入方式上,随着移动智能设备的发展,社交媒体作为网络空间的重要表现形式,在互联网的沃土上蓬勃发展。根据《2021 中国社交媒体发展报告》显示,超过一半的中国城市居民已经成了社交媒体用户,社交媒体用户在各年龄层的渗透率全面增长。10~49 岁网民构成移动互联的主要用户,占全部移动用户的68.9%。中国移动互联网网民平均日上网时长超过 4.07 小时(中国互联网络信息中心,2021)。作为社交媒体应用的"头部"阵营成员,超过 25% 的用户每日使用微信的时长超过 4 小时。《2020 年微博用户发展报告》显示,截至 2020 年年底,新浪微博的月活用户(monthly active users,MAU)达到了 5.21 亿人。由此可见,微博、微信等社交媒体为广大用户提供了分享日常生活和情绪状态的交互平台,社交媒体平台成为用户表达观点和反映诉求的"网络舆论场",开启了由社交媒体主导信息流与影响流的移动互联新纪元。

2. 社交媒体大数据推动社会治理变革

新冠肺炎疫情暴发以来,数据的采集、存储、分析和应用都进入了一个新阶段,我国社会真正进入了"大数据时代"。用户产生的海量网络信息行为被记录在社交媒体中,赋予了社交媒体数据典型的大数据(big data)特征:数据传输速度快、应用范围广、更新频率快等,成为大数据时代数据仓库的重要组成部分。社交媒体大数据蕴含着大量形式复杂多样、价值深理有待挖掘的信息,为党和政府新时期的社会治理提供了重要契机。习近平总书记在全面深化改革委员会第十二次会议上强调:"要鼓励运用大数据、人工智能、云计算等数字技术,在疫情监测分析、病毒溯源、防控救治、资源调配等方面发挥支撑作用[2]。"基于社交媒体大数据的数字化管控技术在新冠肺炎疫情全球大流行期间发挥了重要作用,加速了数字社会智能化治理时代的到来。

数字化手段除了在抗击新冠肺炎疫情的进程中发挥了不可替代的作用,同时也让全社会参与者更多地看到数字治理模式的发展潜力。在国内,中国科学院通过人工智能算法技术,开发了自杀意念识别模型,能在社交媒体上识别有自杀倾向的用户并对其展开救助;2022年北京冬奥会开幕之际,数字人通过手语主播在社交媒体上为听障人士传达比赛资讯。此外,社交媒体数据还为灾害沟通起到了"反向通信"功能,在自然灾害疏散及应急管控中发挥了关键作用,如美国桑迪飓风、菲律宾海燕台风、美国路易斯安那州飓风、澳大利亚黛比气旋、美国哈维飓风等灾害的全过程治理。当下,我们分外重视社交媒体大数据在社会治理中的关键作用。

1.1.2　社交媒体大数据情感分析的困境与意义

社会治理是一项极为复杂的"超级工程"。社交媒体大数据的应用为社会治理的智能化带来了诸多机遇,但新事物的产生也势必会给现有的体制机制带来一系列的问题和挑战。近年来,诸多突如其来的突发公共事件提醒我们,对舆论状况仅仅做事后检测追踪是远远不够的,实时把握瞬息万变的舆论场态势,从非常态小事件中感知潜在风险是社会治理深入发展过程中亟须解决的问题。随着人工智能技术在突发公共事件治理的成熟,辅助政府在社会情绪洞察和智能决策等方面的情感分析任务应运而生。情感分析结合了人工智能和语义网络技术进行知识表示和挖掘,结合了数学知识进行图数据挖掘和数据降维处理,结合了语言学知识进行语义和语用分析,同时还结合了社会学和心理学。然而,目前大部分的社交媒体大数据文本情感分析模型都把该任务简单理解为一个特殊的文本分类任务,并没有关注社交媒体大数据情感分析任务本身的特性。

(1)**社交媒体大数据大多为非结构化数据,数量庞大且信息冗杂**。囿于高质量数据采集、提炼分析和存储难度大等原因,现有的社交媒体大数据情感分析方法并未能及时、全面感知舆论态势。

(2)**社交媒体大数据的文本情感表达具有动态演化性,其个体间的连接强度和情感信息随时间而动态演化**。现有的社交媒体大数据情感分析方法大多是对舆情事件的整体情感倾向进行事后分析,再对最终情感分析结果进行应用研究,这种基于历史数据的静态情感分析方法往往忽略了情感动态演化过程中舆情主体在不同阶段的情感波动,也无法考虑外界环境中,诸如政府的应对政策、第三方机构的作为和回应等因素对网民情感波动的影响。因此,如何利用情感挖掘、信息抽取等技术,剖析群体的情感演化过程,总结社交媒体情感传播的规律,是社交媒体大数据情感分析领域目前面临的挑战之一。

(3)**社交媒体大数据的文本情感表达具有歧义性和含蓄性,一些隐喻和反讽的表达通常需要情感知识库**,给现有的情感分析模型带来了极大的挑战。情感表达的歧义性和多样性为跨领域情感分析模型的情感知识迁移带来了障碍,现有的大部分研究关注通过两个领域文本表示对齐的方式来学习相同领域的知识,现有的数据往往不足以学习所有领域通用的知识,而对于细粒度情感分析任务而言,囿于数据标注成本较高,目前标注的数据集都比较小,不足以学习领域情感知识,大大限制了模型性能。

尽管社交媒体大数据情感分析面临着巨大的挑战,但其研究也有着重要的意义。主要体现在以下几个方面。

(1) **社交媒体大数据情感分析能够认知突发公共事件网络舆情演化过程,并为政府和机构进行社会治理提供决策支持。** 社交媒体深刻影响着公共议程和政策议程,社交媒体大数据情感分析在公共决策过程中扮演着不可低估的角色。为此,对社交媒体大数据情感分析过程进行深入研究,可以帮助政府及决策者掌握突发公共事件网络舆情的本质和规律,区分不同类型突发公共事件网络舆情中主客体特点和主要影响因素,为政府及决策者介入、引导和研判突发公共事件网络舆情态势提供理论依据。

(2) **社交媒体大数据情感分析为构建突发公共事件网络舆情实时监测与动态分析系统提供思路。** 突发公共事件网络舆情的监测和预警的前提是舆情监测系统实时动态监测网络舆论的导向、特点、规模和发展趋势。一旦发现潜在的不利于社会稳定的舆情,应迅速将相应的情报反馈给决策部门,便于政府及决策者做好相应的舆情应对措施。因此,动态的舆情监测方法能够高效准确地掌握各类突发事件网络舆情的发展规律,了解各阶段网络舆情的发展特点,利用综合分析和人工智能技术对纷繁复杂的网络信息进行重新组织,从而保障舆情系统在连续的时间内有效跟踪舆情发展态势,对舆情的热度状态及演化进行精准预测。

(3) **社交媒体大数据情感分析可以促进社会学、心理学等相关学科的研究。** 传统社会学、心理学的研究通常采用面谈、电话询问等方式完成相关调查问卷,需要花费大量的人力、物力、财力成本,通过社交媒体大数据收集相关的文本内容,并对文本内容进行分析,可以为社会学、心理学等学科的实验研究提供海量数据支持。社交媒体大数据情感分析作为自然语言处理中的一项基本研究,通常作为其他自然语言处理任务的底层结构。因此,社交媒体大数据情感分析技术还可以推动自然语言处理领域其他分支方向的研究,例如在问答系统中,通过识别用户语言的情感倾向,能够对用户提供更合理的回答。

1.2　社交媒体大数据情感分析的基本概念

1.2.1　社交媒体大数据的定义与特征

社交媒体(social media,SM)也称为"社会化媒体"和"社会性媒体"。社交媒体是指互联网上基于用户关系的内容生产与交换平台,而不是传统意义上仅由个人创建、编写和发布的平台[3]。Ellison从三个方面定义了社交媒体:首先,用户可以创建他们公共或半公共的个人资料；其次，用户被允许与其他人连接形成一个网络；最后，用户被允许查看与其他用户的关联，这些关联在网络中被公开[4]。根据管理学大辞典中对社交媒体的定义，"社交媒体是一个允许网民自发撰写、分享、评价、评论、相互沟通的网站和技术。其既具有传统媒体发布面广、影响力强的特性，又具有传统媒体所不具有的特性，如人人都可以发布和制作新闻、同时每个人又是传播渠道的特性[5]"。社交媒体具有规模大、动态性、匿名性、以用户为中心及数据丰富等特性[6]。在上述两种定义中，Ellison强调了社交媒体中以用户和关系为中心的特点，管理学大辞典更强调以内容为核心的社交媒体特点。因此，本书在上述定义的基础上，将社交媒体一词定义为以用户、关系和内容为核心的社会网络站点。

随着博客、微博、百科、论坛、播客等社交媒体的盛行，产生了大量非结构化的数据，如推特（Twitter）、微博的文本信息数据、淘宝网等购物网站的消费评论数据、多媒体数据、社交网络中用户交互产生的数据等。这些记录用户网络生活的海量数据可统称为社交媒体大数据，并具有典型的大数据特征：海量（volume）、多样（variety）、高速（velocity）和价值（value）[7-9]。具体体现为：

（1）**数据数量大**。社交媒体是基于互联网的应用程序，规模庞大，可能由成千上万的节点构成，每个用户节点每一秒每一个微小的动作都有海量的社交媒体数据伴随产生。

（2）**数据类型多**。根据数据类型的不同，社交媒体大数据可以被系统划分为结构化数据、半结构化数据和非结构化数据。

（3）**数据更新快**。社交媒体大数据的交换和传播主要是通过互联网和云计算等方式实现的，时效性更短，更新效率更快。因此对社交媒体大数据的响应与处理速度提出了更高的要求。

（4）**数据价值低**。海量社交媒体原始数据的价值密度较低，需要通过强大的机器学习算法迅速地在海量数据中完成数据的价值提纯。

虽然大多有关大数据的研究已经讨论了前4个特征，但有学者认为社交媒体大数据还具有模糊性（vagueness）特征。模糊性是指不同类型的数据进行组合分析将会导致不一致的结果。另外，由于社交媒体大数据涉及个人信息，因此它还涉及隐私和数据管理问题[10]。虽然社交媒体大数据具有典型的大数据特征，但目前社交媒体网络用户实现信息交流的方式仍然是以文本形式为主。此外，大多数社交媒体是以文本的数据格式返回数据，因此，社交媒体大数据也呈现出文本化的特征[11]。

1.2.2　社交媒体大数据的来源与分类

随着人们在社交媒体技术和内容上的创新，社交媒体的种类也日益丰富，Aichner等将当前的社交媒体分为了12类[12]，见表1-1。

表 1-1　国内外社交媒体分类及对应的媒体平台

	国　　内	国　　外
博客(Blogs)	博客中国(blogchina.com)	赫芬顿邮报(the Huffington Post)
商业网络(Business Networks)	大街网(dajie.com)	领英(LinkedIn)
众包项目(Collaborative Projects)	猪八戒网(zbj.com)	维基百科(wikipedia)
企业社交网络(Enterprise Social Networks)	钉钉(Ding Talk)	Yammer
论坛(Forums)	虎扑(hupu.com)	盖亚在线(Gaia Online)
微博(Microblogs)	微博(weibo.com)	推特(Twitter)
图片分享网站(Photo Sharing)	LOFTER	Instagram
商品服务评论网站(Products/Services Review)	淘宝网(taobao.com)	亚马逊(amazon.com)
社交书签(Social Bookmarking)	堆糖(duitang.com)	Pinterest
社交网络(Social Networks)	人人网(renren.com)	Facebook
视频分享网站	哔哩哔哩(bilibili.com)	YouTube
社交游戏(Social Gaming)	王者荣耀	魔兽世界(World of Warcraft)

中国互联网络信息中心在其调查中则主要将国内的社交媒体分为即时通信工具和其他社交应用两类,见表 1-2。

表 1-2　国内社交媒体分类及对应的媒体平台

即时通信工具	如 QQ、微信、陌陌等	
其他社交应用	综合社交应用	如 QQ 空间、新浪微博、微信朋友圈等
	图片视频社交	如抖音、快手、美拍等
	婚恋社交	如 58 交友、世纪佳缘等
	社区社交	如百度贴吧、豆瓣、知乎等
	职场社交	如领英、脉脉、猎聘秘书等

现有许多针对社交媒体的数据集,除了包含丰富的情感极性信息,一些社交媒体数据集还包括社交网络上的信息,比如文本内容的话题、文本 ID 等。为了获取社交媒体上更加丰富的社会关系信息,一些研究者通过应用程序编程接口(application programming interface,API)或者网络爬虫的方式获取社交网络上的数据资源,进行更深入的研究。国内外常用的社交网络公开数据集如表 1-3 所示。

表 1-3　国内外社交媒体公开数据集

	数据集	说明
英文数据库	OMD(Obama-McCain Debate)[13]	数据集包含 2008 年 9 月 26 日巴拉克·奥巴马和约翰·麦凯恩进行美国总统辩论期间发布的 3269 条推文,情感标签包括积极、消极、混合和其他情感
	HCR(Health Care Reform)[14]	推文内容涉及 2010 年 3 月发生在美国的医疗改革事件,手动标注了数据集的 5 种情绪:积极、消极、中性、不确定和不相关。该数据集共涉及医疗改革、奥巴马、共和党人、民主党人、保守派、自由派、茶党、Stupak 和其他主题
	STS(Stanford Twitter Sentiment)[15]	数据集由 40 126 条推文组成,情感标签包含积极和消极情绪
	Sanders Analytics Twitter Sentiment Corpus[16]	数据集由 5513 条推文组成,涉及苹果、谷歌、微软和推特四个话题
	Semeval 2014[17]	数据集包含餐厅评论数据集和笔记本电脑评论数据集,分别包含 4833 条和 3027 条数据,情感标签包括正面、中性、负面和冲突情绪
	MR(Moive Review Data)[18]	数据集来自专业英文电影评论网站,包含"积极"和"消极"两类情感倾向的电影评论短文本,各 5331 条
中文数据库	ChnSentiCorp[19]	语料集是由中国科学院计算所谭松波博士等组成的研究小组整理得到的典型酒店评论语料集。包括正面评价 7000 篇和负面评价 3000 篇
	中文商品评论数据[20]	数据集涉及书籍、酒店、电脑、牛奶、手机和热水器 6 个领域的 21 105 条中文用户评论,情感标签包含正面和负面两大类
	NLPCC 2014 中文微博数据集	数据集按照情绪分类,包括愤怒、厌恶、恐惧、高兴、喜好、悲伤、惊讶和其他情绪 8 类标签,共包含 6942 条微博,最后按照标签数据分为正面和负面情绪两大类

1.2.3　社交媒体大数据情感分析的基本理论

1. 信息传播相关理论

从古至今,人类通过信息的传播进行社会交流活动,并形成了人类独有的复杂社会关系网络,人们复杂的社会关系与社会生产都是建立在信息传播的基础上。信息学的奠基人香农(C. E. Shannon)认为,"信息是用来消除随机不确定性的东西[21]",也有人认为"信息是提供决策的有效数据"。信息传播的四要素包括了信息、信息传播者、信息传播媒介、信息接收者,四要素构成了信息在时间与空间维度中的流通过程。在当前网络高度发达的环境下,信息更多是借由网络渠道进行传播的,结合信息传播主体的主观能动性,在网络信息传播过程中信息不停地发生转化,从而形成了网络舆情的演化,网络舆情演化的内核即为网络舆情信息在网络空间中的信息传播,主要包括以下几种理论。

1) 信息生态论

信息生态是指信息人与其周围信息环境的相互关系。1999 年，Nardi 和 O'Day 在专著 *Information Ecologices: Using Technology with Heart* 中将信息生态定义为人、工作、价值和技术在特定环境中组成的系统，且强调信息生态系统的重点并非技术本身，在技术辅助下的人的活动更为重要。信息生态系统是由信息生态因子、信息生态链和信息生态位等要素构成的系统，其结构模型如图 1-1 所示。

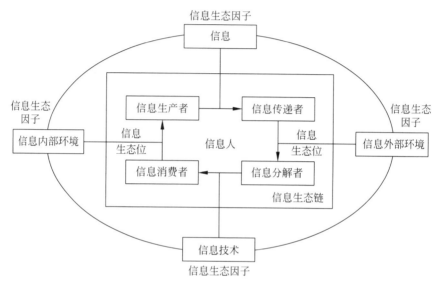

图 1-1　信息生态系统机构模型图

信息生态因子是信息生态系统中最基本的要素。多数学者认为信息生态因子包括信息、信息人、信息环境和信息技术 4 个要素[22-25]。

（1）信息：信息是信息生态因子的关键要素，直接影响其他生态因子的正常运行；

（2）信息人：信息人是信息生态因子中的核心要素，主要包括信息生产者、信息分解者、信息消费者和信息传递者；

（3）信息环境：信息环境是信息生态因子运行的条件，包括内部环境和外部环境，内部环境如信息制度、信息活动的时间和空间等，外部环境指社会环境和自然环境等；

（4）信息技术：包括信息检索技术、信息处理技术、信息传播技术和信息的安全技术等。

信息生态是由不同的信息因子在信息系统运行过程中所形成的相互制约、相互依存的链式结构关系。信息生态链的主体包括信息生产者、信息传递者、信息分解者和信息消费者，实质是信息主体之间信息的流动和转化。信息生态链中信息主体的素质、协调信任度、节点组合关系和连接方式直接影响信息生态链的效率，合理处理信息因子之间的关系可以提高信息生态链的流转和运行效率，从而提升信息生态链的整体价值[25]。信息生态链的基础结构如图1-2所示。

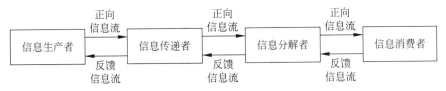

图1-2 信息生态链的基本结构

信息生态位是指人在信息环境中所占据的位置[26]。由于信息因子能力、活动时间和空间结构的变化，信息因子会不断地调整信息生态位以满足信息生态系统的平衡发展。信息生态位按照信息人所在的功能生态位、资源生态位和时空生态位维度上的位置关系可以分为信息生态位重合、信息生态位包含、信息生态位交叉、信息生态位邻接和信息生态位远离。以P和M两个信息人为例，所形成的各类信息生态位关系如图1-3所示。

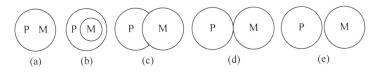

图1-3 信息生态位关系示意图
（a）信息生态位重合；（b）信息生态位包含；（c）信息生态位交叉；
（d）信息生态位邻接；（e）信息生态位远离

2）传染病学理论

传染病模型根据传染病学理论结合信息传播的特征发展而来，与传染病传播过程类似，该模型包括了信息、情报与知识的传播过程，即信息源与信息接收者之间发生了接触信息才能够进行传播。传染病学理论中最经典的为SI（susceptible-infectious，易感者-感染者）模型[27]、SIS（susceptible-infectious-susceptible，易感者-感染者-易感者）模型[28,29]、SIR（susceptible-infectious-removed，易感者-感染者-免疫者）模型[30]和SIRS（susceptible-infectious-removed-susceptible，易感者-感染者-免疫者-易感者）模型。

SI模型将传染病传播过程分为两个传播要素：易感者S（susceptible）和感染者I（infectious）。在t时刻，当易感者S与感染者I充分接触时，传染病的传播效率受感染率β影响。SIR模型在SI模型的基础上增加了参数R（removed），表示免疫者，该模型认为部分感染者I在治愈率γ的影响下会逐渐转变成免疫者。在信息传播中，SIR模型可以解释为：最开始所有人群都处于易接收状态，随着信息传播，部分人群接收到信息并变为感染状态，并尝试感染其他易接收人群，同时部分感染状态的人群转变为康复状态。

SIS模型和SIR模型的不同点在于,SIS模型将传染病流行区域的人群分为两种:易感者S和感染者I。假设传染开始时所有人都不具有免疫能力,在感染人群与易感染人群接触后有β的概率将传染病传播,同时感染人群有γ的概率恢复为易感染状态,而易感染者一旦被再次感染将会成为新的传播源。在信息传播领域,对SIS模型的解释为:最初,所有人都容易受到信息的影响,随着信息开始传播,部分人群接收信息并转变为传播者,同时向其他接收者传播信息,同时传播者开始转变为信息的接收者。SIRS模型在SIR模型的基础上认为免疫者有α的概率变为易感者。图1-4比较了基本的流行病模型,不仅表示了流行病毒的传播过程,还表示了社交网络中用户的状态,以此借助流行病模型研究信息扩散的过程。

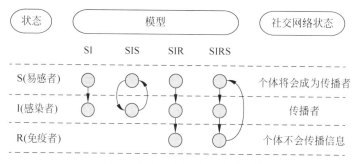

图1-4 4种基本流行病模型比较

2. 网络舆情相关理论

1）突发公共事件

根据2007年11月1日起执行的《中华人民共和国突发事件应对法》,突发公共事件定义为:突然发生,造成或者可能造成严重社会危害,需要采取应急处置措施予以应对的自然灾害、事故灾难、公共卫生事件和社会安全事件[31]。突发公共事件是一个内涵十分丰富的概念,包括从自然灾害到社会事件、从区域性的事件到全球性的事件、从经济事件到外交政治事件等,其研究也涉及灾害管理、经济管理、行政管理等诸多领域。对于突发事件的科学分类,有利于明确分工,制定相应的应急方案、措施,以便在突发事件来袭之时从容应对,将应急的损失和影响控制在最小范围[32]。根据不同的研究角度和研究目的,学者们提出了不同的分类方法[33]:①按形成突发事件的原因进行分类;②根据事件发生过程、性质和机理进行分类;③按事件的发生领域进行分类;④按影响范围进行分类;⑤按事件发生和终结的速度进行分类;⑥按事件主体在应急中的态度进行分类。薛澜等[34]综合考虑了突发公共事件的发生过程、性质和机理,从服务于突发公共事件应急管理的视角将突发公共事件分为自然灾害、灾难事故、突发公共卫生事件、突发社会安全事件、经济危机五类,具体内容见表1-4。

表 1-4　国家重大突发事件分级标准(部分)[35]

类　　型	突发公共事件实例	事件实例
自然灾害	水旱灾害、台风、冰雹、雪、高温、沙尘暴等气象灾害,地震、山体崩塌、滑坡、泥石流等地质灾害,森林火灾和重大生物灾害等	四川汶川地震(2008 年)
灾难事故	民航、铁路、公路、水运、轨道交通等重大运输事故,工矿企业、建筑工程、公共场所及机关、企事业单位发生的各类重大安全事故,造成重大影响和损失的供水、供电、供油和供气等城市生命线事故以及通信、信息网络、特种设备等安全事故,核辐射事故,重大环境污染和生态破坏事故等	"7·23"温州动车事故(2011年)
突发公共卫生事件	突然发生,造成或可能造成社会公共健康严重损害的重大传染病疫情、群体性不明原因疾病、重大食物和职业中毒、重大动物疫情,以及其他严重影响公众健康的事件	新冠肺炎疫情(2019 年)
突发社会安全事件	重大刑事案件、涉外突发事件、恐怖袭击事件以及规模较大的群体性突发事件	新疆"7·5"事件(2009 年)
经济危机	资源、能源和生活必需品严重短缺、金融信用危机和其他严重经济失常、经济动荡等涉及经济安全的突发事件	2008 年全球经济危机

根据《中华人民共和国突发事件应对法》规定:按照社会危害程度、影响范围等因素,自然灾害、事故灾难、公共突发事件分为特别重大、重大、较大和一般四级。近年来,国内外学者对突发公共事件的发生及发展特征做了较多的探讨,对突发公共事件及其应急管理研究都起到了重要作用。总结已有的研究,突发公共事件具有以下特征[36]:①突发性、偶发性和破坏性;②复杂性;③不确定性;④传播性;⑤时效性;⑥国际性;⑦阶段。在"阶段性"这一特征中,本书总结了国内外突发公共事件与舆情的演化阶段,如图 1-5 所示。

2) 网络舆情的概念与构成要素

网络舆情是指网络中的各类媒体平台中传播的对社会问题的舆论,是通过互联网传播的公众对社会热点事件或问题所持有的含倾向性的言论和观点,是社会舆论的一种新的表现形式[37]。网络舆情是公众对现实世界中问题所产生的舆情在互联网中的映射,网络舆情具有直接性、随意性、突发性、隐蔽性以及偏差性等特点[38]。国外相关研究中并未出现网络舆情概念,但契合度较高的概念有 public opinion(舆情)、network public sentiment(网络舆情)等,主要是渲染大众对热点事件的主流观点与情感,不局限于敏感事件[39]。从中不难发现国外的网络舆情概念包括但不限于"泛政治化特征",例如应用推特(Twitter)分析国家选举的民意调查,构建非正式性政治对话渠道,或者追踪新冠疫情期间公众的防疫意识与恐慌程度等。

网络舆情的构成要素共同推动了其热度的变化[40],其中"五体说"[41]影响最为广泛,包括发起舆情的主体、舆情反映的客体、反映舆情内容的本体、引发舆情事件的引体及承载和传播舆情内容的载体五个方面。虽然后续研究者将网络舆情场[42]、

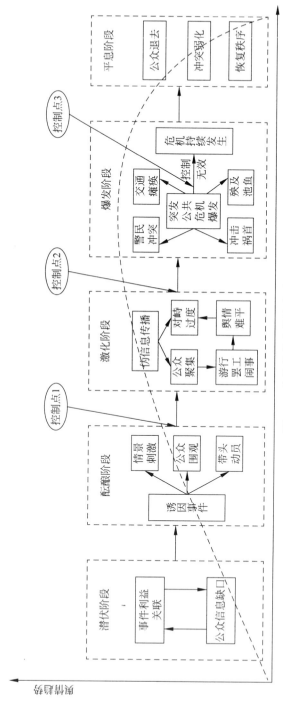

图 1-5 突发公共事件演化阶段

演化过程[43]等新要素纳入其中,但"五体说"更加适合我国网络舆情的发展规律[44]。

(1)主体:即针对突发公共事件,在网络上表达认知、态度、情感、意见等言论的个体或群体[45],主体是舆情产生的直接因素[46]。

(2)客体:即引发网络舆情的具体事件[47],是引起主体关注并发表言论的根本因素,是网络舆情产生和发酵的源头和基础。

(3)本体:即网络舆情主体探讨客体时,产生的带有意见性和倾向性信息的总和[47],这些网络舆情信息是网络舆情产生的客观基础。

(4)引体:即负责对突发公共事件网络舆情进行引导、管控、披露和报道的政府相关部门。

(5)载体:即为网络舆情信息的发布和传播提供场所的平台[47],包括各类网络媒体。

3)情绪的含义及分类理论

我国学者孟昭兰结合国内外学者的不同观点,将情绪定义为:多成分组成、多维量结构、多水平整合,并为有机体生存适应和人际交往而同认知交互作用的心理活动过程和心理动机两项力量[48]。

Izard将情绪分为主观体验、外部表现和生理唤醒3个部分,是神经中枢系统特定神经通路激活的结果,并以Tomkins较早提出的8种主要情绪(兴趣-兴奋、享受-快乐、厌恶-轻蔑、愤怒-狂怒、羞愧-耻辱、惧怕-恐惧)为基础,基于情绪分化理论提出10种基本情绪(快乐、悲伤、愤怒、恐惧、厌恶、惊讶、兴趣、害羞、自罪感、蔑视)。Ekman提出的6种基本情绪(快乐、悲伤、愤怒、恐惧、厌恶、惊讶)在情绪分类学说中具有深远影响[49]。在此基础上,Plutchik基于进化规则的综合理论,提出了一种多维度的情绪模型,包括Ekman的6种情绪及信任和期望,可以分为4对双向组合:高兴与悲伤、愤怒与恐惧、信任与厌恶、诧异与期望[50]。图1-6显示了Plutchik模型的情绪类别在"情绪轮"上的排序,其中颜色的深浅代表这种情绪的饱和度,离圆心的远近代表情绪的强度,每种情绪都可以进一步分为3度。例如满足是较小程度的高兴,是一种不饱和状态;狂喜是强烈的高兴,是饱和状态。

然而,上述的基本情绪理论尚不能解释一些现象,Cacioppo等研究发现,恐惧、愤怒或高兴这几种基本情绪都可以产生心跳加速、呼吸加快等体验,即不同的情绪可能有相同的神经生理反应[51],因此产生了情绪维度理论来解析情绪结构。情绪维度理论认为,情绪不是几种基本情绪的简单存在,而是一个高度相关的连续体。Mehrabian和Russell提出情绪的三维模型,其中包括愉悦度、唤醒度和支配度3个维度,并定义愉悦度为个体处于积极或消极的情绪状态,唤醒度为生理活动和心理警觉的水平差异,支配度是指一方面能影响周围环境,另一方面能被他人或周围环境影响的一种感受。后来Russell发现支配度与认知活动关系密切,并且情绪的两个基本维度(愉悦度和唤醒度)可以解释大部分的情绪变异[52]。随后,他提出情

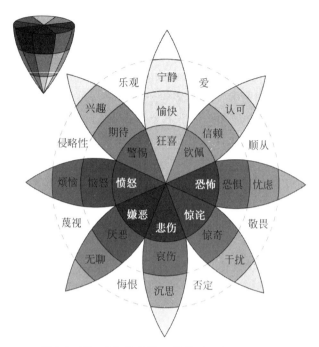

图 1-6　Plutchik 的情绪三维模型(见文后彩图)

绪的环形模型,如图 1-7 所示,他认为情绪可以分为愉悦度(情绪效价)和唤醒度,且所有情绪都有共同的、相互重叠的神经生理机制[53]。

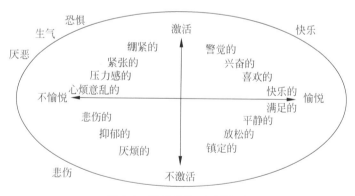

图 1-7　情绪效价-唤醒模型

3. 应急管理相关理论

1) 应急管理理论

生命周期理论认为突发公共事件从发生到消退经历了明显不同的经济和社会特征阶段,前一阶段往往决定了后一阶段的特征,如何有效地进行控制需要一种整体的、详细的方法[54]。20 世纪 80 年代以来,人们普遍认识到:任何事物的发生和发展都存在生命周期,突发公共事件亦是如此,每一个突发公共事件都存在特定的生命周期,都有发生、发展和减缓的阶段。突发公共事件的应急管理也是一个系统的过程和循环。从危害因素的致灾过程来看,可以将整个过程简单划分为"事前、事中和事后"3个阶段,或者进一步划分为"潜伏期、显现期、爆发期、减弱期和消退期"5个阶段。根据突发公共事件的类别,其不同阶段的特征和间隔长短有所区别,一般可以将危害因素的破坏能量或危险指数作为阶段划分的特征值[55],如图1-8所示。

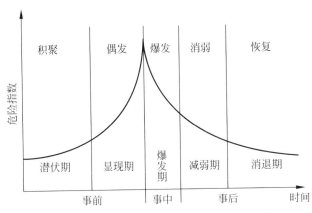

图 1-8　突发公共事件危害因素致灾过程示意图

　　应急管理阶段界定的实质就是把应急管理行为渗透到突发公共事件生命周期中,渗透到组织的日常运作中,不同的发展阶段要求采取不同的应急措施,以实现更加准确和有效的应急管理。因此,需要按照事件的发生过程将每一个等级的突发公共事件进行阶段性分期,以此作为政府采取应急措施的重要依据。

　　面对突发公共事件不同种类和性质,需要对突发公共事件的原因、过程及后果进行分析,以及对突发公共事件进行有效预警、控制和处理。在众多应急管理阶段分析方法中,典型模型如表1-5所示。

表 1-5　应急管理阶段理论的典型研究模型

模 型 类 型	模 型 描 述
两阶段模型[56]	应急日常管理、应急事件管理
三阶段模型[57]	事前、事中、事后
三阶段模型[58]	预警、处置、善后
四阶段生命周期模型[59]	征兆期、发作期、延续期、痊愈期
四阶段模型[60]	缓和、准备、回应、恢复缩减
4R模型[61]	减少阶段、预备阶段、反应阶段、恢复阶段
五阶段模型M模型[62]	信号侦测、探测和预防、控制损害、恢复阶段、学习阶段
五阶段模型[63]	应急预警和应急管理准备、识别、隔离、管理、处理善后
六阶段模型[64]	应急的避免、应急的准备、应急的确认、应急的控制、应急的解决、应急获利

突发公共事件的阶段分析主要涉及应急管理的微观问题,旨在建立一个"全过程"的应急管理模型。应急管理是一个动态的过程,尽管实际运用中,应急管理阶段模型中所描述的阶段之间的界限不一定非常清晰,但在每一阶段都有其必须完成的主要任务和目标,对应着不同的应急措施,并且下一阶段的任务和目标又是建立在前一阶段的基础之上。因此,应该着眼于突发公共事件的全过程,根据事件生命周期的不同阶段采取不同的应急措施来体现应急周期中各阶段特征,形成全过程的管理模式。

2) 公共治理理论

关于治理的各种定义中,全球治理委员会的定义具有很大的代表性和权威性,其在《我们的全球伙伴关系》中对治理作了定义:治理是各种公共或私人的个人以及机构管理共同事务诸多方式的总和,不仅包括有权迫使人们服从的正式制度和规则,还包括各种人们统一或认为符合他们利益的非正式的制度安排[65]。

我国学者俞可平认为[66]:治理是一种公共管理活动和公共管理过程,是相互冲突的或不同的利益得以调和并且采取联合行动的持续过程,包括必要的公共权威、管理规则、治理机制和治理方式。其实质意义在于更加有效地提供一定范围内的公共产品。

传统公共管理倾向于权威自上而下的运作方式,政府可借助其强制力量、组织优势、制度行为等输出公共产品或服务,而在传统观点看来,政府应当承担全部的责任[67]。但当代公共治理的基本理念与价值是依托一系列基本制度的涉及和安排来实现的。在此情境下,公共治理不再是一种政府统治的手段,而代表了一种新的社会多元管理模式,改善管理机制,提高组织绩效和效率是公共治理理论关注的核心问题。公共治理既是对传统公共管理理念的超越,又是对其研究范式的发展,同时从规模、活动范围、管理体制、运行机制等方面对政府管理及公共部门进行了深层次的改革,包括:①在公共部门的管理中引进私营部门中较为成功的管理理论、方法、技术和经验;②积极推进民营企业更多地参与公共事务和公共服务管理;③在明确区分公共部门和私营部门不同责任的基础上加强政府的应有责任等。

公共管理学中有关治理的理论为我国突发公共事件的应急体系构建指明了方向,例如:①应急体系的构建应有法可依,程序合法;②构建多主体参与机制;③完善信息发布机制,保障公众知情权;④加强应急中的责任机制建设;⑤建立迅速的应急反应机制等。同时,公共治理理论为突发公共事件应急管理提供了一个全新的分析理论视角[68]。在此视角下,突发公共事件治理是一个通过应急管理来解决突发公共事件的过程,其终极目标就是人的安全:保护人们生命免受各方面的威胁,同时促进人的长期发展。在公共治理理论框架下,突发公共事件应急管理发生了变化:一是应急管理主体多元化;二是应急管理权威分散化;三是应急管理工具多样化;四是应急管理过程互动化。

1.3 社交媒体大数据情感分析的研究进展、现状及趋势

1.3.1 社交媒体文本数据挖掘方法

数据挖掘是一个跨学科的计算机科学分支[69-71]。它是用人工智能、机器学习、统计学和数据库的交叉方法在相对大型的数据集中发现模式的计算过程。它是指从资料中提取隐含的过去未知的有价值的潜在信息,或一门从大量资料或数据库中提取有用信息的科学[72]。在社交媒体文本数据中,数据挖掘一般分为异常检测、关联规则学习、聚类、分类、回归和汇总六类任务[73]。社交媒体文本数据挖掘所面临的挑战也显而易见,例如数据安全和隐私问题、噪声和数据的不完整性、数据的分散性(不集中)、存储瓶颈、算法的效率与可扩展性等。

社交媒体文本数据挖掘可以看作是信息技术自然进化的结果,社交媒体文本数据挖掘的研究进展,同样伴随着数据存储、组织及使用的技术发展,主要分为以下几个阶段:①20 世纪 60 年代及更早,数据收集和数据库创建阶段,数据使用者直接对原始文件进行处理;②20 世纪 70~80 年代初期,数据库管理系统建立阶段,用户可以通过查询语言、用户界面、查询处理优化和事务管理,方便、灵活地访问数据;③20 世纪 80 年代中期至今,高级数据库系统研究阶段。在数据库管理系统建立之后,数据库技术就转向高级数据库系统、支持高级数据分析的数据仓库和数据挖掘、基于 Web 的数据库;④20 世纪 80 年代后期至今,高级数据分析研究阶段。伴随着计算机硬件、数据库技术的不断进步,使得更多的数据易于存储和使用,面向社交媒体大数据的深层次分析与决策的算法技术应运而生[74]。

作为应用驱动的领域,社交媒体数据挖掘吸纳了诸如统计学、机器学习、模式识别、数据库和数据仓库、信息检索、可视化、算法、高性能计算和许多应用领域的大量技术,主要关注从指定数据挖掘任务中寻找模式类型,包括类和概念描述、频繁模式挖掘、分类与回归、聚类分析、离群点分析和演变分析等。当前用于社交媒体数据挖掘的主流方法主要包括:①预测统计学、统计假设检验等统计方法;②监督学习、半监督学习、无监督学习、强化学习和对抗学习等机器学习方法,涉及的主流算法包括神经网络、支持向量机、朴素贝叶斯方法[75]、决策树[76]、事例推理、聚类算法、进化算法等;③数据库系统与数据仓库;④信息检索及搜索推荐。

由于数据采集和存储技术的迅速发展,加之数据生成与传播的便捷性,使得社交媒体数据呈现爆炸性增长。面对这些数据数量越来越庞大、数据结构逐渐复杂多样的社交媒体数据,如何设计更强大的数据挖掘方法并针对多样的领域场景进行深入分析是未来研究的重要方向。深度学习的出现是数据挖掘领域中的一个重大突破。得益于数据、计算资源、算法这三大法宝,深度学习改变着整个领域。但是,深度学习这个神秘的"黑盒"也饱受诟病,应用于图片分类、围棋等领域尚可;

但是当涉及金融、医疗、无人驾驶等领域时,人们更加需要一个透明的、可信赖的、可解释的数据挖掘模型。

社交媒体数据挖掘技术在各领域都取得了不错的进展,但是现有模型缺乏良好的泛化能力。具体来说,人类在解决某个问题或执行某项任务时,会结合全局知识和以往经验,而非局限于特定的领域知识。然而面对不断涌现的新领域、新问题,现有的大部分社交媒体数据挖掘研究都是在针对具体的领域任务和问题,不能真正地从数据中学到和积累知识,加之算法模型的设计和计算成本过高等原因,社交媒体数据挖掘的通用性和泛化性都还有较大提升空间。

1.3.2 社交媒体数据表示学习技术

在社交媒体大数据领域,为克服传统符号表示的局限性,表示学习旨在将对象编码成低维连续向量以表征其语义信息[77]。每个对象对应的向量称为表示(representation)或嵌入(embedding),而对象间的语义关系通常由对应的表示间的函数(如内积、余弦相似度等)来刻画。和由人工设计对象特征的传统特征工程技术相比,表示学习一般会随机初始化对象的向量表示,并通过优化训练目标来自动学习参数。训练完成后,对象表示即可作为其特征,用于下游任务的预测。除了可以省去特征工程的人工成本之外,表示学习还可以借助深度学习等技术,从数据中捕捉到更加高阶的特征信息。

针对社交媒体文本数据,表示学习技术通常运用于两类对象:文本数据(如博客文本等)和结构数据(如社交网络等)。文本数据一般可看作字词的序列,根据表示学习对象的不同,相关技术可大致分为字、词级别的表示学习与句子、篇章级别的表示学习。大多数结构数据表示学习算法旨在为网络和图中的每个节点学习向量表示。以社交媒体网络为例,表示学习技术可以学习网络中节点(即用户)的向量表示,使得表示相近的用户其好友关系和偏好兴趣也相似,进而将学得的表示用于好友推荐、用户画像等社交场景。根据算法范式的不同,相关技术可大致分为基于浅层神经网络的表示学习和基于图神经网络的表示学习。

1. 社交媒体数据中的字、词级表示学习

谷歌于 2013 年提出的 Word2vec 模型[78]是目前最流行的词向量训练工具之一。Word2vec 是基于浅层的神经网络构建模型,其优化目标为一定窗口内共现的单词间的相互预测。除作为复杂神经网络模型的底层输入外,词向量本身也广泛用于社交媒体大数据领域。Garg[79] 和 Caliskan[80] 通过计算性别相关和职业相关的单词之间的平均向量距离,验证了职业中存在性别偏见。Sivak[81] 在研究中发现人们在社交媒体中会更多提到和"儿子(son)"词向量相似的单词,而更少提到和"女儿(daughter)"词向量相似的单词,从而揭示了性别歧视可能在人生早期就出现了。

2. 社交媒体数据中的句子、篇章级表示学习

2017 年之前,基于 Word2vec 改进实现的 Paragraph Vector 模型[82]、基于卷积神经网络[83]或循环神经网络[84]构建的短语、句子和篇章级别表示学习模型先后被提出。2017 年,Vaswani 等提出了基于多头注意力机制的 Transformer 模型,不仅可以充分地刻画远距离单词间的依赖关系,还在计算方式上易于并行,近年来已被验证优于以往模型,被广泛应用于社交媒体中的文本编码表示[85]。基于 Transformer 模型扩展的大规模预训练语言模型 BERT(bidirectional encoder representation from transformers)[86]、GPT(generative pre-training)[87]等也已成为整个自然语言处理领域的经典编码模型。上述技术被广泛用于社交媒体大数据领域的研究中,例如 Mooijman 使用 LSTM 模型预测推特(Twitter)中的帖子是否涉及道德话题[88];Sheshadri 等使用 Paragraph Vector 模型编码新闻,并计算新闻表示间的余弦相似度来研究新闻相似性和公众注意力的关系[89]。

3. 社交媒体数据中基于浅层神经网络的结构数据表示学习

受 Word2vec 模型的启发,DeepWalk 模型将词、句子与节点、随机游走进行类比,并直接采用 Word2vec 算法进行节点嵌入学习[90]。DeepWalk 模型通过等概率随机选择下一个节点来生成随机游走序列。2016 年出现的 Node2vec 模型提出了一种邻域采样策略来产生随机游走序列,它能够平滑地在宽度优先搜索(breadth first search,BFS)和深度优先搜索(depth first search,DFS)之间进行插值[91]。LINE 模型将节点与其一阶和二阶邻居之间的相似性参数化,然后用其学习网络的节点表示[92]。上述技术被广泛应用于社交媒体大数据领域,比如 2017 年微信广告的建模策略中使用了基于 Node2vec 模型的 Looklike 算法来进行高效的朋友圈广告投放;2018 年阿里巴巴提出了 EGES,该算法通过在 DeepWalk 模型的基础上引入补充信息来解决推荐系统的冷启动问题[93]。

4. 社交媒体数据中基于图神经网络的结构数据表示学习

图神经网络(graph neural network,GNN)是一种应用于图结构的深度学习模型。在图神经网络的每一层中,每个节点都会通过消息传递机制,聚合其邻居和自身在上一层的表示来进行更新。作为最具影响力的 GNN 模型之一,图卷积网络(graph convolutional network,GCN)通过节点特征的分层传播对图结构数据进行半监督学习[94]。后来,图注意力网络(graph attention network,GAT)进一步利用注意力机制对邻居特征进行聚合[95]。近年来,基于图神经网络的方法被广泛应用于社区发现、谣言检测等社会计算任务。例如,2019 年,Shchur 将伯努利-泊松概率模型整合到 GCN 中,用于重叠社区发现问题[96];2020 年,Bian 等提出了一种双向图卷积网络来解决社交媒体上的谣言检测问题[97]。

1.3.3　社交媒体文本情感计算任务

1. 社交媒体文本情感分析

社交媒体文本情感分析[98]是对社交媒体文本中的主观信息进行分析和理解的一种技术,具体包括情感、情绪、态度、立场等主观信息的分类、抽取、归纳和推理等。按照不同的任务目标,社交媒体文本情感分析可以分为如表 1-6 所示的子任务。

表 1-6　文本情感分析的任务目标

任务类型	分类结果
情感极性分类	如正面、负面、中性等
离散情绪分类	如生气、害怕、悲伤、讨厌、期待、惊讶、赞成、高兴等
情感立场分类	如支持、反对、中立等
情感粒度分类	如词语级、句子级、文档级、属性级等
情感信息摘要	如抽取式摘要和生成式摘要
情感信息抽取	如实体命名识别和语义角色标注技术获取观点持有者

早期的社交媒体文本情感分析技术主要针对社交媒体文本情感的分类,其方法主要分为两类:基于情感字典的规则化方法和基于情感特征的统计机器学习方法。随着深度学习的深入发展,大量的神经网络模型被引入情感分析任务中,包含卷积神经网络(convolutional neural networks,CNN)、循环神经网络(recurrent neural network,RNN)、递归神经网络(recursive neural network,RNN)、注意力机制(attention)网络等。近年来,随着预训练(pre-train)语言模型的兴起,以 BERT 和 GPT 为代表的预训练语言模型在不同的社交媒体文本情感分析任务中均取得了较大的成功。

尽管以预训练-微调(fine-tuning)为主的预训练语言模型在各类社交媒体情感分析任务中表现突出,但现有的社交媒体文本情感分析技术仍然存在以下挑战。

(1) 复杂语境下的社交媒体文本情感分析精度难以得到提高[99]:否定、转折、隐式情感等复杂的语言结构使得情感分析系统的精度显著下降,这一问题广泛存在于各种社交媒体文本情感分析任务中。

(2) 领域迁移问题[100]:通常标注样本(源领域)上学习得到的社交媒体文本情感分析模型只在相同领域的测试集中表现较好,迁移到其他领域(即目标领域)时,其算法性能将会大打折扣。

当前,有学者针对以上问题提出了提示学习(prompt learning)[101],作为一种针对特定任务调整预训练语言模型(pre-trained language models,PLM)的有效方法,这种新的自然语言处理范式引起了研究者的广泛关注。通过使用完形填空形式来激活 PLM 的通用知识,并在一系列自然语言处理(natural language processing，NLP)任务上取得令人满意的结果，如社交媒体文本自然语言推理、情感分类和知识探索等。

2. 社交媒体情感文本生成

社交媒体情感文本生成任务的目标是让模型生成符合指定的情感类别的文本，如开心、难过、愤怒等，既可以通过情感相关的关键词体现，也可以通过隐喻的方式体现。社交媒体情感文本生成任务应满足以下两点要求：

(1) 模型生成的文本应该语法正确、逻辑通畅；

(2) 在保证语法无误的前提下，生成的社交媒体文本应该蕴含指定的情感类别，并避免产生与指定情感类别矛盾的表述，以防造成歧义。

情感文本生成技术在早期大多基于 RNN 语言模型的方法，近年来，随着预训练模型的发展，情感可控的文本生成技术逐渐以 GPT 等预训练模型为基本框架，并取得了更强大的效果。当前，学者们主要关注以下两个问题：

(1) 如何建模社交媒体情感的表达过程，让文本生成受控于指定情感；

(2) 如何丰富社交媒体情感表达的方式和内容，以提高文本生成的多样性和信息量。

针对第(1)点问题，由于社交媒体情感表达具有显性(如情感关键词)和隐性(如隐喻)的特点，情感表达也是一个动态的过程(有些词语的情感表达强度大，有些强度小)，因此现有研究大多采用将拷贝网络与动态记忆单元相结合的方式。一方面，拷贝网络可以显式地在生成文本中插入情感词；另一方面，动态记忆单元可以控制情感表达的过程，在生成具有情感表达的词语后，适时控制生成过程的结束。针对第(2)点问题，由于模型的输入信息十分有限(只有指定的情感类别)，因此现有研究大多利用外部知识丰富情感表达的内容[102]。例如，通过在常识知识图谱检索与情感类别相关的实体(如"难过""分手""失业"等)来提升生成文本的信息量。

3. 社交媒体情感图谱构建

传统的社交媒体情感分析方法在特定领域下构建情感词典，依据情感词与文本的映射关系能够实现快速自动情感分析。然而，同一情感词在不同领域和不同方面的情感倾向可能会不同，现有领域情感词典的一个突出问题是缺乏细粒度的、多领域及多方面自适应的情感常识，难以应对多领域的社交媒体情感分析。当前基于深度学习的社交媒体情感分析方法依赖于大量高质量标注训练样本，人工标注成本昂贵，同样面临难以实现多领域及多方面自适应的实时在线情感分析的挑战。为了弥补社交媒体情感计算依赖大规模标注数据、领域特性强的不足，常常要引入外部的情感知识库提供监督信息，以期提高模型的泛化能力。然而，当前常采用的外部知识库存在以下三个问题。

(1) 缺乏领域适应性。当前常用的情感词典常常只适用于某领域，缺乏领域泛化能力。如情感词"快"在餐厨领域中的"平底锅热得快"表达的是积极情感，而在电气领域中的"电池消耗快"表达的是消极情感。

（2）缺乏方面适应性。在同一领域中，同一情感词在不同方面的情感极性可能会不同。如"电池消耗快"以及"系统运行快"表达的是两种不同的情感极性，在现存外部知识库缺乏方面泛化能力。

（3）缺乏情感推理能力。现有的情感词典以及外部知识库往往只建立词语与情感的一对一的映射关系，无法建模情感词间关系、方面词间关系，以及方面词与情感词的动态多关系，从而导致情感常识成为离散点，无法进行有效关联而失去了情感的推理能力。

针对现有方法难以高效处理多领域及多方面自适应的情感常识离散、缺乏推理机制而难以进行情感推理等问题，其中的一个技术发展趋势是将情感词在多领域、多方面的动态情感倾向知识化。通过构建面向多领域、多方面的社交媒体情感知识图谱，利用社交媒体知识图谱丰富的表达能力，可以实现领域细粒度情感知识化，通过情感常识关联整合、建模方面词和情感词之间的层级逻辑关系，形成社交媒体情感知识图谱，有利于领域知识、方面知识及情感知识的动态关联、聚合以及推理，为情感计算的应用，如高效实时的在线情感分析、情感注入的对话系统、情感注入的故事生成等提供动态精准的领域自适应情感常识。

1.3.4 社交媒体数据舆情计算应用

社交媒体数据舆情计算是指研究者通过使用自然语言处理技术，多语言文本语义理解技术、图像技术、跨平台信息追踪等技术，对所有社交媒体数据，如新华网、腾讯新闻、百度贴吧、论坛、新浪微博、微信、博客等数据进行计算分析的一项任务。社交媒体数据舆情计算不仅需要具备强大的数据采集和处理能力，还需要具备强大的价值挖掘能力，普通的关键词检索、敏感信息过滤等手段对舆情的分析过于片面，不能很好地提升模型、系统的泛化能力，图像处理、自然语言处理等人工智能技术则使舆情分析系统在分析方式、分析对象、分析能力等方面更加"智能"，能够适应更为复杂的互联网信息内容和传播方式。利用社交媒体数据舆情计算不仅可以洞察观点、情绪、口碑、社情民意，为企业提供商业情报，辅助商业决策，还能为政府机构挖掘社情舆论，提升社会治理水平。

1. 社交媒体数据舆情分析

社交媒体舆情数据的分析和预测，是舆情计算技术中最关键的步骤。通过设计恰当的算法对获取的数据进行分析，发掘其中的热点话题，并对其传播影响、舆情等级进行评估，采用合理的手段对舆论进行引导和管控。在社交媒体舆情分析方面常用的技术手段有贝叶斯分类器、支持向量机(support vector machine, SVM)、随机森林、AdaBoost、贝叶斯网络、神经网络等技术。马梅等使用改进型孪生支持向量机对新浪微博数据进行分析和训练，经过实验验证，该方法适用于对中文语料进行分析[103]；田俊静等借鉴决策树和回归模型的思想，结合政策、互联网以及市场经济情况,构建了一种多模态数据联合分析模型,该方法在大量训练数据的支撑下,实现了对多维度社会热点信息的挖掘和提取[104];Feng 等在 Single-Pass 模型的基础之上,提出了一种周期性的 Single-Pass 聚类算法模型,这种方法在话题的聚类指标上远优于原始的 Single-Pass 算法[105]。张乾浩等通过 Lingo 聚类算法来分析网页中的热点话题,并设计改进了排序算法发掘热点话题之间的关联性[106]。聂方彦提出了一种基于 FCM(fuzzy c-means)的聚类算法,这种算法可以根据所分析数据自身的特点和分布状况,自适应地完成数据的分析工作[107];此外该算法还可以完成在线式增量学习,也就是说对于新建入的数据,算法可以不经过重新训练,只进行迁移学习即可,这一特点极大地提升了该聚类算法的泛化能力和迁移部署性能。

当下,社交媒体数据舆情计算主要使用 NLP 技术对文本内容进行情感分析、主题抽取、关键词提取来获取舆情信息。鉴于社交媒体信息资源的多样性和复杂性,简单的自然语言处理(NLP)技术已经不能满足舆情系统的需求,现有的社交媒体数据舆情计算已经融入多模态技术,使用图片、表情符号、视频、声音等多维度的数据信息进行建模,这对于舆情系统准确性提升大有裨益。

2. 社交媒体数据舆情预测

社交媒体数据舆情预测是数据分析后的一项重要步骤,该过程主要为舆情监控、舆情预警提供重要的参考,且有助于各级政府部门、企业单位制定相关的应对措施。目前关于社交媒体数据舆情预测的研究相对广泛,有多种方法可供使用。吴谦使用改进的粒子群算法和 BP(back propagation)神经网络,设计了一套基于百度搜索指数的网络舆情预测模型[108]。张和平等深入研究了马尔可夫模型,构建了一种基于隐马尔可夫模型(hidden Markov model,HMM)的舆情预测模型,该模型结合了网民之间的个体差异、行为特征等个性化因素,对社会舆情话题在人与人之间的传播性进行预测。此外,该算法还分析了不同舆情事件的传播规律[109]。何炎祥等使用概率关联模型,建立了动态贝叶斯分析网络,这种方法可以预测社交媒体舆情之间关联性的走势,是一种非常高效的网络舆情动态预测模型[110]。韩玉鑫等通过对时序的 RNN 模型进行分析,针对新浪微博数据之间的关联性找到了一种最优时序模型,该模型对早期热点事件的传播和演化具有高度的准确性[111]。王超等结合我国社交媒体的特点,提出了使用 ARIMA(autoregressive intergrated moving average)动态时序模型结合人工神经网络的方法动态预测网络舆情的发展趋势,该方法从历史数据角度出发,对于某些特定的问题且具有一定周期性的任务可以产生较好的预测结果,但是也存在模型训练时间长、运行效率较差、训练困难等缺点[112]。

1.4 本章小结

1.1 节阐述了社交媒体大数据情感分析的研究背景。社交媒体大数据赋能社会治理的变革发展既是民之所盼,也是政之所向。社交媒体大数据的应用为社会治理的智能化带来了诸多机遇,例如,基于社交媒体大数据的情感分析技术能够实时监测突发公共事件的网络舆情演化过程,为政府和有关机构进行智能化社会治理提供决策支持。然而,社会治理是一项极为复杂的"超级工程"。由于社交媒体大数据具有非结构化特征,其数量庞大且信息冗杂,加之社交媒体文本大数据的情感表达具有动态演化性、歧义性和含蓄性等特征,为社交媒体大数据助力社会治理带来了一系列的问题和挑战。

1.2 节对社交媒体大数据的概念、特征、来源和分类进行了归纳总结,并围绕信息传播、网络舆情和应急管理三个层面,由大到小、由浅至深、层层递进地介绍了社交媒体大数据情感分析的基本理论,为读者认知和学习信息、舆情及舆情应用的基础理论知识起到抛砖引玉的作用。

1.3 节对社交媒体大数据情感分析的主要步骤进行了细化分解,然后从技术方法和应用层面对其研究进展、现状及趋势进行了全面梳理。首先,通过社交媒体文本数据挖掘对数据进行采集和存储;其次,通过社交媒体数据表示学习技术对采集的文本数据编码为连续低维的向量表示;再次,通过社交媒体文本情感计算任务对向量化后的文本执行情感分析、情感文本生成和情感图谱构建等任务;最后,通过社交媒体数据舆情计算应用进行舆情分析和预测。

参考文献

［1］ 陈氚.网络社会中的空间融合——虚拟空间的现实化与再生产［J］.天津社会科学,2016(3):72-77.

［2］ 习近平.在中央全面深化改革委员会第十二次会议上的讲话［N］.人民日报,2020-02-15.

［3］ KAPLAN A M, HAENLEIN M. Users of the world, unite! The challenges and opportunities of Social Media［J］. Business Horizons,2010,53(1):59-68.

［4］ BOYD D M,ELLISON N B. Social network sites:Definition,history,and scholarship［J］. Journal of Computer-mediated Communication,2007,13(1):210-230.

［5］ 管理学大辞典.社交媒体［EB/OL］.［2022-06-09］. http://gongjushu. cnki. net/refbook/R201409610. html.

［6］ 张宇.在线社会网络信任计算与挖掘分析中若干模型与算法研究［D］.杭州:浙江大学,2009.

［7］ ZHOU K,FU C,YANG S. Big data driven smart energy management:From big data to big insights［J］. Renewable and Sustainable Energy Reviews,2016,56:215-225.

［8］ KAISLER S,ARMOUR F,ESPINOSA J A,et al. Big data:Issues and challenges moving forward[C]//2013 46th Hawaii International Conference on System Sciences. IEEE,2013：995-1004.

[9]　TOLE A A. Big data challenges[J]. Database Systems Journal,2013,4(3)：31-40.

[10]　ISHIKAWA H. Social big data mining[M]. Boca Raton：CRC Press,2015.

[11]　黄丽丽.社交媒体文本数据的知识发现模型与实证研究[D].长春：吉林大学,2016.

[12]　AICHNER T,JACOB F. Measuring the degree of corporate social media use[J]. International Journal of Market Research,2015,57(2)：257-276.

[13]　SHAMMA D A,KENNEDY L,CHURCHILL E F. Tweet the debates：Understanding community annotation of uncollected sources[C]//Proc of the 1st SIGMM Workshop on Social Media,2009：3-10.

[14]　SEPERIOSU M,SUDAN N,UPADHYAY S,et al. Twitter polarity classification with label propagation over lexical links and the follower graph[C]//Proc of the 1st Workshop on Unsupervised Learning in Natural Language Processing,2011：53-63.

[15]　GO A,BHAYANI R,HUANG L. Twitter sentiment classification using distant supervision[J].CS224N Project Report,2009,1(12)：2009.

[16]　SANDERS N. Twitter sentiment corpus.［EB/OL］.［2022-04-16］. http://www.sananalytics. com/lab/twitter-sentiment.

[17]　PONTIKI M,PAVLOPOULOS J. SemEval-2014 Task 4：Aspect Based Sentiment Analysis[J]. Proceedings of International Workshop on Semantic Evaluation at,2014：27-35

[18]　DONG L,WEI F,TAN C,et al. Adaptive recursive neural network for target-dependent twitter sentiment classification［C］//Proceedings of the 52nd Annual Meeting of the Association for Computational Linguistics(volume 2：Short papers). 2014：49-54.

[19]　谭松波.ChnSentiCorp[EB/OL].[2022-05-16]. http://www. searchforum. org. cn/tansongbo/corpus-senti. html.

[20]　邓钰,雷航,李晓瑜,等.用于目标情感分类的多跳注意力深度模型[J].电子科技大学学报,2019,48(5)：759-766.

[21]　SHANNON C E. A mathematical theory of communication［J］. ACM SIGMOBILE Mobile Computing and Communications Review,2001,5(1)：3-55.

[22]　蒋录全.信息生态与社会可持续发展[M].北京：北京图书馆,2003.

[23]　王晰巍,靖继鹏,刘明彦,等.电子商务中的信息生态模型构建实证研究[J].图书情报工作,2009,53(22)：128-132.

[24]　吴红.农业信息生态系统构建研究[J].图书馆学研究,2010(19)：2-5,9.

[25]　郭宇.基于信息生态视角的新媒体环境下企业知识共享研究[D].长春：吉林大学,2016.

[26]　娄策群,周承聪.信息生态链：概念、本质和类型[J].图书情报工作,2007(9)：29-32.

[27]　PASTOR-SATORRAS R,VESPIGNANI A. Epidemic spreading in scale-free networks[J]. Physical Review Letters,2001,86(14)：3200.

[28]　NEWMAN M E J. The structure and function of complex networks[J]. SIAM Review,2003,45(2)：167-256.

[29]　GROSS T,D'LIMA C J D,BLASIUS B. Epidemic dynamics on an adaptive network[J]. Physical Review Letters,2006,96(20)：208701.

[30]　DAN L I U,YA-WEN Y I N,MING S. Microblog information diffusion：Simulation based

on sir model[J]. Journal of Beijing University of Posts and Telecommunications(Social Sciences Edition),2014,16(3):28.

[31]　中华人民共和国国务院.中华人民共和国突发事件应对法[S].北京:国务院,2007.

[32]　许骏.基于复杂网络的传染病突发事件应急管理研究[D].武汉:华中科技大学,2013.

[33]　计雷,池宏,陈安.突发事件应急管理[M].北京:高等教育出版社,2006.

[34]　薛澜,钟开斌.突发公共事件分类、分级与分期:应急体制的管理基础[J].中国行政管理,2005(2):102-107.

[35]　国务院.国家特别重大、重大突发事件分级标准(试行)[EB/OL].[2020-11-20].http://www.wanyuan.gov.cn/govopen/show.cdcb?id=38184.

[36]　王健.突发公共事件背景下在线社交网络信息扩散及治理研究[D].南京:南京师范大学,2018.

[37]　赵江元.微博舆情观点团簇形成机理与演化态势感知研究[D].长春:吉林大学,2021.

[38]　王晓晖.舆情信息汇集分析机制研究[M].北京:学习出版社,2006.

[39]　卡尔·霍夫兰.传播与劝服[M].张建中,李雪晴,曾苑,译.北京:中国人民大学出版社,2015.

[40]　左蒙,李昌祖.网络舆情研究综述:从理论研究到实践应用[J].情报杂志,2017,36(10):71-78,140.

[41]　毕宏音.现代舆情研究十年历程的回顾和反思[J].天津社会科学,2013(4):67-71.

[42]　唐涛.网络舆情治理研究[M].上海:上海社会科学研究院出版社,2014:12-30.

[43]　王平,谢耘耕.突发公共事件网络舆情的形成及演变机制研究[J].现代传播(中国传媒大学学报),2013(3):63-69.

[44]　周裕.政府网络舆情危机管理研究[D].大连:东北财经大学,2019.

[45]　黄微,李瑞,孟佳林.大数据环境下多媒体网络舆情传播要素及运行机理研究[J].图书情报工作,2015,59(21):38-44,62.

[46]　李晚莲,高光涵.突发公共事件网络舆情热度生成机理研究——基于48个案例的模糊集定性比较分析(fsQCA)[J].情报杂志,2020,39(7):94-100.

[47]　高承实,陈越,荣星,等.网络舆情几个基本问题的探讨[J].情报杂志,2011,30(11):52-56.

[48]　孟昭兰.情绪心理学[M].北京:北京大学出版社,2005.

[49]　EKMAN P,FRIESEN W V. Constants across cultures in the face and emotion[J]. Journal of Personality and Social Psychology,1971,17(2):124-129.

[50]　PLUTCHIK R. Emotions and life: Perspectives from psychology,biology,and evolution[M]. Washington DC: American Psychological Association,2003.

[51]　CACIOPPO J T,TASSINARY L G and Berntson G. Handbook of psychophysiology[M]. Cambridge: Cambridge University Press,2007.

[52]　RUSSELL J A. A circumplex model of affect[J]. Journal of Personality and Social Psychology,1980,39(6):1161.

[53]　POSNER J,RUSSELL J A,PETERSON B S. The circumplex model of affect: An integrative approach to affective neuroscience,cognitive development,and psychopathology[J]. Development and Psychopathology,2005,17(3):715-734.

[54]　杨静,陈建明,赵红.应急管理中的突发事件分类分级研究[J].管理评论,2005(4):37-41,8-64.

[55] 李湖生.应急管理阶段理论新模型研究[J].中国安全生产科学技术,2010,6(5):18-22.

[56] 朱德武.应急管理:面对突发事件的抉择[M].广州:广东经济出版社,2002.

[57] COOMBS W T. Ongoing crisis communication:Planning,managing,and responding[M]. London:Sage Publications,2021.

[58] 陈安,陈宁,倪慧荟.现代应急管理理论与方法[M].北京:科学出版社,2009.

[59] FINK S. Crisis management:Planning for the inevitable[M]. New York:American Management Association,1986.

[60] LINDELL M K,PERRY R W,PRATER C,et al. Fundamentals of emergency management[M].Washington,DC:FEMA,2006.

[61] 罗伯特·希斯.应急管理[M].王成,译.北京:中信出版社,2004.

[62] MITROFF I I. Crisis management and environmentalism:A natural fit[J]. California Management Review,1994,36(2):101-113.

[63] 薛澜,张强,钟开斌.应急管理:转型期中国面临的挑战[M].北京:清华大学出版社,2003.

[64] 诺曼·R.奥古斯丁.应急管理《哈佛商业评论》精粹译丛[M].北京:中国人民大学出版社,2002.

[65] 李少军.当代全球问题[M].杭州:浙江人民出版社,2006.

[66] 俞可平.治理与治善[M].北京:社会科学文献出版社,2000.

[67] 滕世华.公共治理理论及其引发的变革[J].国家行政学院学报,2003(1):44-45.

[68] 张爱龙.和谐社会的三大基础公平、善治与有效的应急管理[J].湖南农业大学学报(社会科学版),2007,8(3):116-118.

[69] CLIFTON C. Encyclopædia britannica:definition of data mining[J]. Retrieved on October,2010,9(12):2010.

[70] CORTES C,VAPNIK V. Support-vector networks[J]. Machine Learning,1995,20(3):273-297.

[71] COVER T,HART P. Nearest neighbor pattern classification[J]. IEEE Transactions on Information Theory,1967,13(1):21-27.

[72] HAND D J. Principles of data mining[J]. Drug Safety,2007,30(7):621-622.

[73] FAYYAD U,PIATETSKY-SHAPIRO G,SMYTH P. From data mining to knowledge discovery in databases[J]. AI Magazine,1996,17(3):37.

[74] HASTIE T,TIBSHIRANI R,FRIEDMAN J H,et al. The elements of statistical learning:data mining,inference,and prediction[M]. New York:Springer press,2009.

[75] JASEENA K U,DAVID J M. Issues,challenges,and solutions:big data mining[J]. CS & IT-CSCP,2014,4(13):131-140.

[76] RISH I. An empirical study of the naive Bayes classifier[C]//IJCAI 2001 Workshop on Empirical Methods in Artificial Intelligence. 2001,3(22):41-46.

[77] BENGIO Y,COURVILLE A,VINCENT P. Representation learning:A review and new perspectives[J]. IEEE Transactions on Pattern Analysis and Machine Intelligence,2013,35(8):1798-1828.

[78] MIKOLOV T,SUTSKEVER I,CHEN K,et al. Distributed representations of words and phrases and their compositionality[J]. Advances in Neural Information Processing Systems,2013,26.

[79] GARG N,SCHIEBINGER L,JURAFSKY D,et al. Word embeddings quantify 100 years of gender and ethnic stereotypes[J]. Proceedings of the National Academy of Sciences, 2018,115(16): E3635-E3644.

[80] CALISKAN A,BRYSON J J,NARAYANAN A. Semantics derived automatically from language corpora contain human-like biases[J]. Science,2017,356(6334): 183-186.

[81] SIVAK E,SMIRNOV I. Parents mention sons more often than daughters on social media [J]. Proceedings of the National Academy of Sciences,2019,116(6): 2039-2041.

[82] LE Q, MIKOLOV T. Distributed representations of sentences and documents[C]// International Conference on Machine Learning. PMLR,2014: 1188-1196.

[83] KALCHBRENNER N, GREFENSTETTE E, BLUNSOM P. A convolutional neural network for modeling sentences[C]//52nd Annual Meeting of the Association for Computational Linguistics,Association for Computational Linguistics,2014.

[84] CHO K,VAN M B,GULCEHRE C,et al. Learning phrase representations using RNN encoder-decoder for statistical machine translation[C]//Conference on Empirical Methods in Natural Language Processing(EMNLP 2014),2014.

[85] VASWANI A,SHAZEER N,PARMAR N,et al. Attention is all you need[J]. Advances in Neural Information Processing Systems,2017,30: 1-15.

[86] DEVLIN J,CHANG M W, LEE K, et al. BERT: Pre-training of Deep Bidirectional Transformers for Language Understanding[C]//Proceedings of NAACL-HLT. 2019: 4171-4186.

[87] BROWN T,MANN B, RYDER N, et al. Language models are few-shot learners[J]. Advances in Neural Information Processing Systems,2020,33: 1877-1901.

[88] MOOIJMAN M,HOOVER J, LIN Y, et al. Moralization in social networks and the emergence of violence during protests[J]. Nature Human Behaviour,2018,2(6): 389-396.

[89] SHESHADRI K,SINGH M P. The public and legislative impact of hyperconcentrated topic news[J]. Science Advances,2019,5(8): eaat8296.

[90] PEROZZI B,Al-RFOU R,SKENA S. Deepwalk: Online learning of social representations [C]//Proceedings of the 20th ACM SIGKDD International Conference on Knowledge Discovery and Data Mining,2014: 701-710.

[91] GROVER A,LESKOVEC J. Node2vec: Scalable feature learning for networks[C]// Proceedings of the 22nd ACM SIGKDD International Conference on Knowledge Discovery and Data Mining,2016: 855-864.

[92] TANG J,QU M, WAMG M, et al. Line: Large-scale information network embedding [C]//Proceedings of the 24th International Conference on World Wide Web,2015: 1067-1077.

[93] WANG J,HUANG P,ZHAO H,et al. Billion-scale commodity embedding for e-commerce recommendation in alibaba[C]//Proceedings of the 24th ACM SIGKDD International Conference on Knowledge Discovery & Data Mining,2018: 839-848.

[94] KIPF T N, WELLING M. Semi-supervised classification with graph convolutional networks[C]//International Conference on Learning Representations(ICLR 2017). 2016.

[95] VELICKOVIC P,CUCURULL G,CASANOVA A,et al. Graph attention networks[J]. stat,2017,1050: 20.

[96] SHCHUR O，GUNNEMANN S. Overlapping Community Detection with Graph Neural Networks[J]. Computer Science，2019，50(2)：49.

[97] BIAN T，XIAO X，XU T，et al. Rumor detection on social media with bi-directional graph convolutional networks［C]//Proceedings of the AAAI Conference on Artificial Intelligence. 2020，34(01)：549-556.

[98] BING L. Sentiment Analysis and Opinion Mining(Synthesis Lectures on Human Language Technologies)[M]. Wiuiston：Morgan & claypool press，2012.

[99] LI X，BING L，LI P，et al. A unified model for opinion target extraction and target sentiment prediction[C]//Proceedings of the AAAI Conference on Artificial Intelligence. 2019，33(1)：6714-6721.

[100] GONG C，YU J，XIA R. Unified feature and instance based domain adaptation for aspect-based sentiment analysis[C]//Proceedings of the 2020 Conference on Empirical Methods in Natural Language Processing(EMNLP). 2020：7035-7045.

[101] DING N，CHEN Y，HAN X，et al. Prompt-learning for fine-grained entity typing[J]. arXiv Preprint arXiv：2108. 10604，2021.

[102] GAO S，TAKANOBU R，PENG W，et al. HyKnow：End-to-End Task-Oriented Dialog Modeling with Hybrid Knowledge Management［C]//Findings of the Association for Computational Linguistics：ACL-IJCNLP 2021. 2021：1591-1602.

[103] 马梅，刘东苏，李慧. 基于大数据的网络舆情分析系统模型研究[J]. 情报科学，2016，34(3)：5.

[104] 田俊静，兰月新，夏一雪，等. 基于决策树方法的网络舆情反转识别与实证研究[J]. 2021(2019-8)：121-125.

[105] CAO F，ZHANG Z，JING Y，et al. A model of ecological monitoring and response system for Internet public opinion［J]. International Journal of Multimedia and Ubiquitous Engineering，2014，9(5)：373-390.

[106] 张乾浩. 基于 Lingo 算法的短消息监控系统的设计与实现[D]. 北京：北京邮电大学，2012.

[107] 聂方彦. 基于模糊 C 均值的舆情等级分类模型研究[J]. 软件导刊，2017，16(6)：3.

[108] 吴谦. 基于机器学习的微博舆情预测模型研究[D]. 北京：中国人民公安大学，2019.

[109] 张和平，陈齐海. 基于灰色马尔可夫模型的网络舆情预测研究[J]. 2021(2018-1)：75-79.

[110] 何炎祥，刘健博，孙松涛. 基于神经网络的微博舆情预测方法[J]. 华南理工大学学报(自然科学版)，2016，44(9)：6.

[111] 韩玉鑫. 基于神经网络的微博观点检测方法研究[D]. 乌鲁木齐：新疆大学，2019.

[112] 王超，彭湃，李波. 舆情短文本挖掘的数学模型及其实现[J]. 数学建模及其应用，2018，7(3)：9.

第2章

社交媒体大数据网络爬取与数据预处理

2.1 什么是网络爬虫

2.1.1 网络爬虫的定义

在信息时代的当下,互联网信息呈现爆炸式的增长,据不完全统计,互联网用户和可访问页面分别达到 45 亿与 58.5 亿的巨大体量[1]。在如此复杂、海量且异构的信息中搜索信息变得异常困难和耗时。随着互联网的不断变化,即使所需网页的 URL(uniform resource locator)已知,也无法确定对应的网络信息是否可以再次访问。因此,为了满足信息搜索和数据挖掘的需要,网络爬虫应运而生。

网络爬虫,又称网络蜘蛛或蜘蛛机器人,是一种系统地浏览万维网,模拟浏览器发送网络请求、接收请求响应,并按照一定的规则,自动地抓取万维网信息的程序或者脚本[2]。网络爬虫通常由搜索引擎操作,是搜索引擎的重要组成部分,它的处理能力往往决定了整个搜索引擎的性能及扩展能力的上限。

万维网络和网络爬虫几乎是同时诞生的,Matthuew Gray 在 1993 年编写了世界上第一个爬虫程序"wanderer"(流浪者)[3]。这个爬虫最初是用来测量网络的规模,后来逐渐被用来检索 URL,并将这些 URL 存储在一个名为 Wandex 的数据库中,这也是第一个 Web 搜索引擎。爬虫的网络开销最初引起了很多争议,但这个问题在 1994 年随着机器人排除标准(robot exclusion protocol 或 robot. txt)[3]的引入而得到解决，该标准允许网站管理员阻止爬虫检索其部分或全部站点。同年，推出的"WebCrawler[4]"成为第一个"全文"爬虫程序和搜索引擎。"WebCrawler"允许用户浏览网络文档的内容，而不是网络管理员编写的关键字和描述符，从而减少混淆结果的可能性并提供更好的搜索功能。此后，商业搜索引擎开始出现，从1994—1997年，"Yahoo！""Infoseek""Lycos""Altavista""Excite"等搜索引擎和爬虫程序相继诞生，其中"Yahoo！"和"Altavista"保持最大的市场份额。1998年，Google搜索诞生，并迅速占领市场。与当时的许多搜索引擎不同，Google搜索拥有一个简单整洁的界面，合理、相关且无偏见的搜索结果以及较少数量的垃圾邮件结果，最后两个优势得益于当时Google搜索创新性地使用了PageRank算法和锚词权重[5]。

2.1.2　网络爬虫的流程

网络爬虫的基本工作流程如图2-1所示。爬虫从预先设定的一个或若干初始种子URL开始，以此获得初始网页上的URL列表，在爬行过程中不断从URL队列中获取一个新的URL，进而访问并下载该页面。页面下载后页面解析器去掉页面上的HTML标记得到页面内容，并将摘要、URL等信息保存到Web数据库中，同时抽取当前页面上新的URL，保存到URL队列，直到满足系统停止条件。累积的页面随后将被用于其他目的，例如Web缓存或Web搜索引擎。

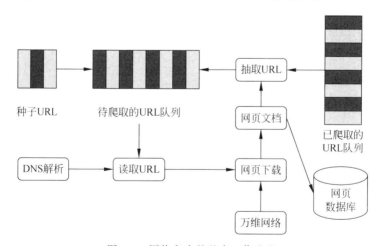

图 2-1　网络爬虫的基本工作流程

在网络爬虫中，几个值得注意的点是：

（1）网络爬虫将按照URL查找其他页面，这些页面也将包含指向其他页面的URL，以此类推。指向第一/起始页面的URL即为种子URL。

（2）如果网络爬虫开始在私人/个人网页中进行信息爬取，并且该网页中不包含任何链接，或者它只链接到没有链接的页面，则爬虫会相信整个互联网只有1页或2页。

（3）如果想拥有一个好的爬虫程序，就必须索引尽可能多的页面，所以种子URL非常重要。例如，http://www.google.com 可以是一个很好的起点。

（4）坏种子是指没有包含任何外部URL的网页。这就意味着我们不会抓取除初始种子之外的任何网站。一个好的种子可能包含大量的网站列表，并为爬虫提供一组资源丰富的页面。

（5）一个网络爬虫通常只能有一个种子URL集。

2.1.3　网络爬虫的类型

按照系统结构和实现技术，网络爬虫大致可以分为以下几种类型：通用网络爬虫（general purpose web crawler）、主题/聚焦网络爬虫（topical or focused web crawler）、深度网络爬虫（deepweb crawler）[6]。实际应用中通常会将这几种网络爬虫技术相互结合。

1. 通用网络爬虫

通用网络爬虫通过将初始URL（也被称为"种子URL"）放入队列进行启动，它的基本工作流程如图2-2所示。爬虫维护一个未访问的URL列表，称为队列。队列是爬虫的待办事项列表，其中包含未访问页面的URL。该列表使用由用户或其他程序提供的种子URL进行初始化。每个爬取循环都涉及从队列中选择下一个要爬取的URL，通过HTTP获取该URL对应的页面，解析检索到的页面以提取URL和应用程序特定信息，最后将未访问的URL添加到队列。在将URL添

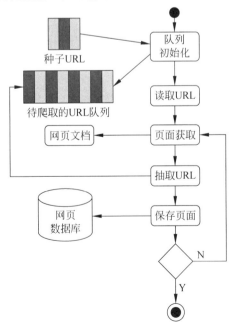

图 2-2　通用网络爬虫工作流程

加到队列之前,可能会为它们分配一个分数,该分数表示访问与 URL 对应页面的估计收益。当爬虫已经爬取了一定数量的页面时,可以终止爬取过程。如果爬虫准备爬取另一个页面并且队列为空,那么这种情况就标志着爬虫的死胡同,此时爬虫没有要获取的新页面,因此它会停止爬取操作。爬行可以看作是一个图搜索问题,爬虫从几个节点(种子)开始,然后沿着边缘到达其他节点。

通用网络爬虫中的队列可以采用先进先出(first-in-first-out,FIFO)队列。在 FIFO 队列下,可以实现广度优先爬虫,用来实现对网页的盲爬。这个队列的特点是,马上要爬取的 URL 来自队列的头部,新的 URL 将被添加到队列的尾部。由于队列的大小有限,因此需要确保不会将重复的 URL 添加到队列中。采用线性搜索的方式以确定新提取的 URL 是否已经存在于队列中是十分耗时的。一种较好的解决方案是分配一些可用内存来维护一个单独的以 URL 作键的哈希表,存储每个边界 URL 以便快速查找。哈希表必须与实际队列实时保持同步。

此外,队列也可以采用优先级队列。优先级队列可以是一个动态数组,始终按照未访问 URL 的估计分数进行排序。在爬取的每一步,最佳 URL 都是从队列的头部挑选出来的。一旦获取了相应的页面,就会从中提取 URL,并根据一些启发式方法对其进行评分,然后将它们添加到边界以保持优先级队列的顺序。与 FIFO 队列类似,优先级队列同样可以通过保留一个单独的哈希表进行查找以避免边界中存在重复的 URL。一旦超过边界的最大容量,优先级高的 URL 会被保留在队列中,优先级低的 URL 将被取代。通用网络爬虫的队列结构如图 2-3 所示。

通用爬虫主要存在以下几方面的局限性:

(1)由于抓取目标是尽可能大的覆盖网络,所以爬行的结果中包含大量用户不需要的网页;

(2)不能很好地搜索和获取信息含量密集且具有一定结构的数据;

(3)通用搜索引擎大多是基于关键字的检索,对于支持语义信息的查询和搜索引擎智能化的要求难以实现。

由此可见,通用爬虫想在爬行网页时,既保证网页的质量和数量,又保证网页的时效性是很难实现的。

2. 主题/聚焦网络爬虫

1)主题爬虫原理

主题爬虫并不追求大的覆盖率,也不会全盘接受所有的网页和 URL,它根据既定的抓取目标,有选择地访问万维网上的网页与相关的链接,获取所需的信息。这不但克服了通用爬虫存在的问题,而且返回的数据资源更精确。主题爬虫的基本工作原理是:按照预先确定的主题,分析超链接和刚刚抓取的网页内容,从而获取下一个要爬行的 URL。为了尽可能保证多爬行与主题相关的网页,主题爬虫要解决以下关键问题:

(1)如何判定一个已经抓取的网页是否与主题相关;

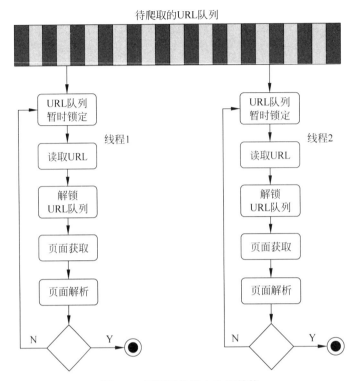

图 2-3　通用网络爬虫队列结构

（2）如何过滤掉海量网页中与主题不相关或者相关度较低的网页；

（3）如何有目的、有控制地抓取与特定主题相关的 Web 页面信息；

（4）如何决定待访问 URL 的访问次序；

（5）如何提高主题爬虫的覆盖度；

（6）如何协调抓取目标的描述或定义与网页分析算法及候选 URL 排序算法之间的关系；

（7）如何寻找和发现高质量网页和关键资源。高质量网页和关键资源不仅可以大大提高主题爬虫搜集 Web 页面的效率和质量，还可以为主题表示模型的优化等应用提供支持[7]。

2）主题爬虫模块设计

主题爬虫的目标是尽可能多地发现和搜集与预定主题相关的网页，其最大特点在于具备分析网页内容和判别主题相关度的能力。根据主题爬虫的工作原理，我们设计了一个主题爬虫系统，主要由页面采集模块、页面分析模块、相关度计算模块、页面过滤模块和链接排序模块几部分组成，其总体功能模块结构如图 2-4 所示。

（1）页面采集模块：该模块的功能主要是根据待访问 URL 队列进行页面下载，再交给网页分析模型处理以抽取网页主题向量空间模型。该模块是任何爬虫

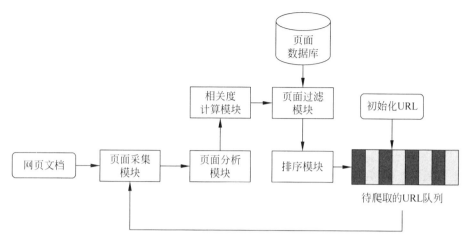

图 2-4　主题爬虫的基本结构

系统都必不可少的模块。

（2）页面分析模块：该模块的功能是对采集到的页面进行分析，主要用于连接超链接排序模块和页面相关度计算模块。

（3）页面相关度计算模块：该模块是整个系统的核心模块，主要用于评估与主题的相关度，并提供相关的爬行策略用以指导爬虫的爬行过程。URL 的超链接评价得分越高，爬行的优先级就越高。其主要思想是：在系统爬行之前，页面相关度计算模块会根据用户输入的关键字和初始文本信息进行学习，并训练一个页面相关度评价模型。当一个被认为是与主题相关的页面爬行下来之后，该页面就被送入页面相关度评价模型进行评价。

（4）页面过滤模块：该模块的功能是过滤掉与主题无关的链接，同时将该 URL 及其所有隐含的子链接一并去除。通过过滤，爬虫就无须遍历与主题不相关的页面，从而保证了爬行效率。

（5）排序模块：该模块的功能是将过滤后的页面按照优先级高低加入待访问的 URL 队列里。

3）主题爬虫流程设计

主题爬虫需要根据一定的网页分析算法，过滤掉与主题无关的链接，保留有用的链接并将其放入等待抓取的 URL 队列。然后，它会根据一定的搜索策略从待抓取的队列中选择下一个要抓取的 URL，并重复上述过程，直到满足系统停止条件为止。所有被抓取网页都会被系统存储，并经过一定的分析、过滤，再建立索引，以便用户查询和检索；这一过程所得到的分析结果可以对以后的抓取过程提供反馈和指导。其工作流程如图 2-5 所示。

3. 深度网络爬虫

Deepweb（深度网络）是指普通搜索引擎难以发现的信息内容的 Web 页面。

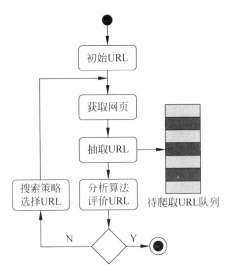

图 2-5　主题爬虫的工作流程

Deepweb 中的信息量比普通的网页信息量多,而且质量更高,但是普通的搜索引擎由于技术限制而无法搜集这些高质量、高权威的信息。这些信息通常隐藏在 Deepweb 的大型动态数据库中,涉及数据集成、中文语义识别等诸多领域。如此庞大的信息资源如果没有科学的、高效的方法去获取,将是巨大的损失。因此,对于深度网络爬虫技术的研究具有重大的现实意义和理论价值。

　　常规的网络爬虫在运行中无法发现隐藏在普通网页中的信息和规律,缺乏一定的主动性和智能性。比如,它在需要输入用户名和密码的页面,或者包含页码导航的页面均无法爬行。针对常规网络爬虫的这些不足,在设计深度爬虫时将其结构进行了改进,增加了表单分析和页面状态保持两个部分,通过分析网页的结构并将其归类为普通网页或存在更多信息的 Deepweb,同时针对 Deepweb 构造合适的表单参数并提交,以得到更多的网页信息。深度网络爬虫的工作流程图如图 2-6 所示。

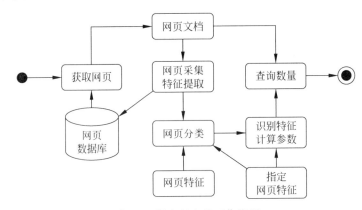

图 2-6　深度爬虫的工作流程

深度爬虫与常规爬虫的不同之处是,深度爬虫在页面下载完成之后并没有立即遍历其中的所有超链接,而是使用一定的算法将其进行分类,对于不同的类别采取不同的方法计算查询参数,并将参数再次提交到服务器。如果提交的查询参数正确,那么将会得到隐藏的页面和链接。

深度爬虫的目标是尽可能多地访问和收集互联网上的网页,由于 Deepweb 是通过提交表单的方式访问的,因此 Deepweb 的爬取存在以下三个方面的困难:

(1) 深度爬虫需要有高效的算法去应对数量庞大的 Deepweb 数据;

(2) 大部分服务器端 Deepweb 要求校验表单输入,如用户名、密码、校验码等,如果校验失败,将无法爬到 Deepweb 数据;

(3) 现代 Deepweb 中大量地采用了 JavaScript 等技术动态加载网页内容,导致深度爬虫难以获取完整的页面信息。

2.1.4 网络爬虫的工具

网络爬虫在许多领域都有广泛的应用,它的目标是从网站获取新的数据,并加以存储以方便访问。网络爬虫工具越来越为人们所熟知,因为它能简化并自动化整个爬虫过程,使每个人都可以轻松访问网络数据资源。常用的 7 款网络爬虫工具如图 2-7 所示[8-9]。

图 2-7　7 款常用的网络爬虫工具[8-9]

(1) Octoparse 是一款免费且功能强大的网站爬虫工具,用于从网站上提取需要的各种类型的数据。它有两种学习模式——向导模式和高级模式,所以非程序员也可以使用。它可以下载几乎所有的网站内容,并保存为 Excel、TXT、HTML或数据库等结构化格式;同时,具有 Scheduled Cloud Extraction 功能,可以获取网站的最新信息;还提供 IP 代理服务器,所以不用担心被侵略性网站检测到。总之,Octoparse 能够满足用户最基本的抓取需求,而无须任何编码技能。

(2) Scraper 是一款 Chrome 扩展工具,数据提取功能有限,但对于在线研究和导出数据到 Google Spreadsheets 非常有用。它适合初学者和专家使用,可以轻松地将数据复制到剪贴板或使用 OAuth 存储到电子表格。虽然它不提供全包式抓取服务,但对于新手也算友好。

（3）VisualScraper 是一款免费的非编码爬虫工具,只需简单地点击界面就可以从网络上收集数据。它可以从多个网页获取实时数据,并将提取的数据导出为 CSV、XML、JSON 或 SQL 文件。除了 SaaS 之外,VisualScraper 还提供网络抓取服务,如数据传输服务和创建软件提取服务。用户可以计划项目在特定时间内运行,或者设置每隔一段时间重复该爬虫程序。

（4）WebHarvy 是为非程序员设计的。它可以自动从网站上爬取文本、图像、URL 和电子邮件,并以各种格式保存爬取的内容。它还提供了内置的调度程序和代理支持,可以匿名爬取并防止被 Web 服务器阻止,可以选择通过代理服务器或 VPN 访问目标网站。WebHarvy Web Scraper 的最新版本允许用户将抓取的数据导出为 XML、CSV、JSON 或 TSV 文件,也可以导出到 SQL 数据库。

（5）Content Graber 是一款针对企业的爬虫软件。它更适合具有高级编程技能的人,它可以让用户创建一个独立的网页爬虫代理,并提供许多强大的脚本编辑和调试界面,允许用户使用 C♯ 或 http://VB. NET 调试或编写脚本来控制爬虫过程。例如,Content Grabber 可以与 Visual Studio 2013 集成,以便根据用户的特定需求提供功能强大的脚本编辑、调试和单元测试。

（6）HTTrack 是一款免费的网站爬虫工具,它非常适合从互联网下载整个网站到用户的计算机。它提供了适用于 Windows、Linux、Sun Solaris 和其他 UNIX 系统的版本,它可以镜像一个或多个站点(共享链接),在"设置"选项中的下载网页可以设置要同时打开的连接数,它还可以从整个目录中获取照片、文件、HTML 代码,更新当前镜像的网站并恢复中断的下载。另外,HTTrack 提供代理支持以最大限度地提高速度,并提供可选的身份验证。

（7）Scrapinghub 是一款基于云计算的数据提取工具,它的开源可视化抓取工具允许用户在没有任何编程知识的情况下抓取网站。Scrapinghub 使用 Crawlera,这是一种智能代理旋转器,支持绕过 bot 机制,轻松地抓取大量受 bot 保护的网站。

2.2　网页和网站的基础知识

2.2.1　网页的构成

网页(web)是一种可以被浏览器等客户端解析的一种文件,与我们平常遇到的文件的区别是:网页是根植于互联网的。也就是说通过浏览器浏览的网页文件大部分是不在本地的,它有可能在世界上的任何一台连接网络的计算机上面,而且,通过网络的超链接,我们可以浏览世界任意角落的网页文件,这就是我们平常所说的网上冲浪,足不出户,就能融入整个世界。

虽然网页的呈现方式繁杂多样,可无一例外,通常网页都是由"HTML""CSS""JavaScript"这三大基本元素构成的。接下来对网页三大基本元素进行简单的介绍。

1. HTML

HTML(hypertext markup language)是一种标记语言。标记语言并不是编程语言,它无法使用逻辑编程的方式进行编程,它只是约定了一种文档的展现方式,通过约定不同的标签所代表的不同含义,从而在浏览器端渲染出丰富多彩的网页,其主要包含头部和主体两大部分。HTML 主要负责页面的结构。

每个 HTML 文档都应该包含以下基本成分,如下所示:

```
1.  <!DOCTYPE html>
2.  <html>
3.  <head>
4.  <meta charset="utf-8">
5.  <title></title>
6.  </head>
7.  <body>
8.      <h1>这是一个标题标签</h1>
9.      <p>这是一个段落标签</p>
10. </body>
11. </html>
```

其中,DOCTYPE 声明页面为 HTML 文档;html 标签声明 HTML 文档的开始部分;head 标签声明 HTML 文档的头部;meta 标签声明文档的字符编码(通常为 utf-8);title 标签声明 HTML 文档的标题;body 标签声明 HTML 文档的主体;h1 和 p 分别为主体的标题标签与段落标签,HTML 中还可以包含图片、表格等其他的内容标签。

2. CSS

CSS(cascading style sheets)简称层叠样式表,CSS 是在 HTML 4 开始使用的,为了更好地渲染 HTML 元素。CSS 可以通过以下方式添加到 HTML 中:

```
1.  <body style="background-color:yellow;">
2.      <h2 style="background-color:red;">这是一个标题</h2>
3.      <p style="background-color:green;">这是一个段落。</p>
4.  </body>
```

(1) 内联样式。当特殊的样式需要应用到个别元素时,就可以使用内联样式。使用内联样式的方法是在相关的标签中使用样式属性,样式属性可以包含任何 CSS 属性。以下实例显示出如何改变段落的颜色和左外边距:

```
1.  <head>
2.  <style type="text/css">
3.  body {background-color:yellow;}
4.  p {color:blue;}
5.  </style>
6.  </head>
```

（2）内部样式表。当单个文件需要特别样式时，就可以使用内部样式表，可以在＜head＞部分通过＜style＞标签定义内部样式表。

```
1. <head>
2. <link rel="stylesheet" type="text/css" href="mystyle.css">
3. </head>
```

（3）外部样式表。当样式需要被应用到很多页面时，外部样式表将是理想的选择。使用外部样式表，可以通过更改一个文件来改变整个站点的外观。

3. JavaScript

JavaScript（简称 JS）是一种跨平台、面向对象的脚本语言，它能使网页可交互（例如拥有复杂的动画、可点击的按钮、通俗的菜单等）。另外还有高级的服务器端 JavaScript 版本，例如 Node.js，它可以让用户在网页上添加更多功能，不仅仅是下载文件（例如在多台计算机之间协同合作）。在宿主环境（例如 Web 浏览器）中，JavaScript 能够通过其连接环境提供的编程接口进行控制[10]。最常见的 JavaScript 在 HTML 的嵌入方式为外部的 JavaScript 通过在 Script 标签的 src 属性中设置对应的.js 文件：

```
1. <!DOCTYPE html>
2. <html>
3. <body>
4. <script src="myScript.js"></script>
5. </body>
6. </html>
```

JavaScript 内置了一些对象的标准库，比如数组（array）、日期（date）、数学（math）和一套核心语句，包括运算符、流程控制符以及声明方式等。JavaScript 的核心部分可以通过添加对象来扩展语言以适应不同用途，例如：

（1）客户端的 JavaScript 通过提供对象，控制浏览器及其文档对象模型（document object model，DOM）来扩展语言核心。例如，客户端的拓展代码允许应用程序将元素放在某个 HTML 表单中，并且支持响应用户事件，比如鼠标点击、表单提交和页面导航。

（2）服务器端的 JavaScript 则通过提供有关在服务器上运行 JavaScript 的对象来扩展语言核心。例如，服务器端版本直接支持应用和数据库通信，提供应用不同调用间的信息连续性。

这意味着，在浏览器中，JavaScript 可以改变网页（DOM）的外观与样式。同样地，在服务器上，Node.js 中的 JavaScript 可以对浏览器上编写的代码发出的客户端请求做出响应。标准化后的 JavaScript 包含 3 个组成部分，如图 2-8 所示。

（1）ECMAScript：脚本语言的核心内容，定义了脚本语言的基本语法和基本对象。现在每种浏览器都有对 ECMAScript 标准的实现。

（2）DOM（document object model）：文档对象模型，它是 HTML 和 XML 文

原生JavaScript

ECMAScript	DOM	BOM
脚本语言的核心内容	文档对象模型	浏览器对象模型
基本语法/对象	HTML/XML编程接口	窗口操作方法
基本适配常见浏览器	网页特效核心技术	窗口操作接口

图 2-8　JavaScript 的组成部分

档的应用程序编程接口。浏览器中的 DOM 把整个网页规划成由节点层级构成的树状结构文档。利用 DOM 应用程序接口(application program interface,API)可以轻松地删除、添加和替换文档树结构中的节点。

(3) BOM(browser object model):浏览器对象模型,描述了对浏览器窗口进行访问和操作的方法和接口。

2.2.2　网站的构成

网站(website)起源于美国国防部内部局域的计算机系统,是指在因特网上,根据一定的规则,使用 HTML、CSS、JavaScript 等工具制作的用于展示特定内容的相关网页的集合。换句话说,网站是一种通信工具,人们可以通过网站来发布自己想要公开的资讯,或者利用网站提供相关的网络服务。人们可以通过网址(网络中的地址)访问网站,获取自己需要的资讯或者享受网络服务。网址可以是 4 组数字组成的 IP 地址,如"211.100.38.96";也可以是由字母、数字组成的域名,如"www.google.com"。一般来说域名便于记忆,用户输入域名后计算机服务器会将它转换成 IP 地址。但网站的域名与 IP 地址也不是绝对地一一对应,利用虚拟技术,一个 IP 地址可以对应多个域名。

网站的构成三要素包括网页、服务器、域名,下面分别对它们进行介绍。

(1) 网页(网站内容):即为用户访问网站时看到的所有东西,包括动画、文字、视频等。

(2) 服务器(虚拟主机):这里的服务器指的是储存网页内容的计算机。在用户提出请求时,查找对应的网页并通过 HTTP 协议传送给客户端浏览器。

(3) 域名(网址):当服务器连接上网络(internet)时,用户可以通过它的 IP 地址来进行访问,但由于 IP 地址难以记忆,一般使用人类可读的方式来代替它,即域名。

静态网站、动态网站分别为网站的两种主要类型。静态网站是由 HTML 代码格式页面组成的网站,所有的内容都包含在网页文件中。静态网站并不是指不能动的网站,在它的网页中也可以出现各种视觉动态效果,而是指不能与用户进行交互的网站,访问静态网站的信息流向是单向的。简单来说,静态网页可以"动",但没有与用户交互的功能。与之相反的是,动态网站通过数据库构架实现与用户的交互,如用户注册、用户登录、搜索查询等。访问动态网站的信息流是双向的。动态网页并不是单独存放在服务器中,而是在浏览器发出请求时才会反馈。

2.2.3 网页开发者工具

在 Web 开发中借助一些高效的工具可以帮助开发者节省大量的时间和精力。常用的 4 款 Web 开发工具如图 2-9 所示[11],下面分别进行介绍。

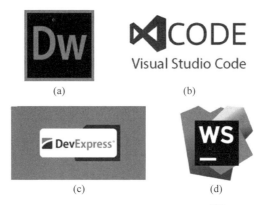

(a)　　　　　　　　　　　(b)

(c)　　　　　　　　　　　(d)

图 2-9　4 款常用的 Web 开发工具[11]

(1) Dreamweaver 是世界顶级软件厂商 Adobe 推出的一套拥有可视化编辑界面,用于制作、编辑网站和移动应用程序的网页设计软件。Dreamweaver 是集网页制作和管理网站于一身的网页代码编辑器,借助其简化的智能编码引擎和视觉辅助功能减少代码错误并提高网站开发速度,轻松创建、编码和管理动态网站,它还能够通过访问代码提示,快速了解 HTML、CSS 以及其他 Web 标准。

(2) VSCode 是一款十分出色的 ide 开发工具,其界面美观大方、功能实用、软件支持中文、拥有丰富的插件,集成了所有现代编辑器所具备的特性,包括语法高亮(syntax highlighting)、可定制的热键绑定(customizable keyboard bindings)、括号匹配(bracket matching)以及代码片段收集(snippets),同时,支持 Windows 系统、OSX 系统和 Linux 系统,并内置 JavaScript、TypeScript 和 Node.js 支持。

(3) DevExtreme 是高性能的 HTML5、CSS 和 Java 移动开发框架,可以直接在 Visual Studio 集成开发环境构建移动应用程序。从 Angular 和 React 到 ASP.NET MVC 或 Vue,DevExtreme 包括一系列高性能和响应式 UI 小部件,可用于传统的 Web 和下一代移动应用程序。目前,DevExtreme V19.1.6 全新发布,是 Visual Studio 开发人员开发跨平台移动产品的首选工具。

(4) WebStorm 是 jetbrains 公司旗下的一款 JavaScript 开发工具,被广大中国 JS 开发者誉为"Web 前端开发神器""最强大的 HTML5 编辑器""最智能的 JavaS IDE"等。它与 IntelliJ IDEA 同源,继承了 IntelliJ IDEA 强大的 JS 部分的功能。

2.3 基于 Python 的爬虫库

2.3.1 Python 爬虫库概览

Python 爬虫,全称 Python 网络爬虫,是一种按照一定规则,自动抓取万维网信息的程序或脚本,主要用于抓取证券交易数据、天气数据、网站用户数据和图片数据等。Python 为支持网络爬虫正常功能的实现,内置了大量的库,下面介绍 4 款常用的 Python 库。

(1) requests 是一个专为开发者构建的、优雅而简单的 Python HTTP 库。requests 允许开发者轻松地发送 HTTP/1.1 请求,无须手动将查询字符串添加URL,或对 POST 数据进行表单编码。由于使用了 urllib3,保持活动和 HTTP 连接池的功能是 100% 自动化的[12]。

(2) Beautiful Soup 通过提供一些简单的、Python 式的函数来实现导航、搜索、修改分析树等功能。它是一个工具箱,通过解析文档为用户提供需要抓取的数据,因为简单,所以不需要多少代码就可以写出一个完整的应用程序。Beautiful Soup可以自动将输入文档转换为 Unicode 编码,将输出文档转换为 utf-8 编码,开发者不需要考虑编码方式。Beautiful Soup 已成为和 lxml、html6lib 一样出色的Python 解释器,为用户灵活地提供不同的解析策略和强劲的速度[13]。

(3) re 库(全称为 regular expression,在代码中简写为 regex 或 re)是 Python的标准库,主要用于字符匹配。正则表达式使用字符串来描述、匹配某个句法规则的字符串。在很多文本编辑器里,正则表达式通常被用来检索、替换那些匹配特定模式的文本。re 库采用原始字符串(raw string)类型表示正则表达式,表示为r'text',原始字符串(raw string)是不包含对转义符再次转义的字符串[14]。

(4) Selenium 是一个 Web 自动化测试工具,可以直接运行在浏览器上,Selenium 可以根据代码指令让浏览器自动加载页面,模拟登录、代替人工执行操作,其特点是得到的这些页面源码是经过浏览器渲染的。Selenium 主要用于网站自动化测试、网站模拟登录、自动操作键盘和鼠标、测试浏览器兼容性、测试网站功能等,同时也可以用来制作简易的网络爬虫[15]。

2.3.2 requests 库安装和体验

1. requests 库安装

requests 库是一个第三方模块,需要开发者在 Python(虚拟)环境中安装,安装命令如下:

```
1. $ pip install requests
```

除此之外,还可以通过获取源码的方式安装 requests 库:

```
1. $ git clone git://github.com/kennethreitz/requests.git
2. $ cd requests
3. $ pip install
```

在复制公共版本库后,便可以通过上述命令轻松地把 requests 库嵌入 Python
包里,或者安装到 site-packages 中。

2. requests 库入门体验

(1) 发送请求

在安装好 requests 库后,便可以尝试着发送 GET 类型的请求:

```
1. import requests
2. url = 'https://api.github.com/events'
3. # 向目标 url 发送 get 请求
4. r = requests.get(url)
5. # 打印响应内容
6. print(r.text)
```

首先,需要导入 requests 模块。然后,尝试获取目标网页(此处以获取 Github
的公共时间线 https://api.github.com/events 为例)。获取的信息被保存在名为
r 的 response 对象中。我们可以从这个对象中获取想要的信息。如果返回的
response 对象为中文字符,则需要在输出时进行编码转换:

```
1. # response.text 是 requests 模块按照 chardet 模块推测出的编码字符集进行解码的结果
2. print(r.content.decode()) # 注意这里!
```

如果想要发送其他类型的请求(如:POST、PUT、DELETE、HEAD、OPTIONS),
仅需要用 requests 库中不同的方法即可:

```
1. r = requests.post('http://httpbin.org/post', data = {'key':'value'})
2. r = requests.put('http://httpbin.org/put', data = {'key':'value'})
3. r = requests.delete('http://httpbin.org/delete')
4. r = requests.head('http://httpbin.org/get')
5. r = requests.options('http://httpbin.org/get')
```

(2) 传递参数

开发者也许想为 URL 的查询字符串(query string)传递某种数据,如果是手
工构建 URL,那么数据会以键/值对的形式置于 URL 中,跟在一个问号的后面。
例如,httpbin.org/get?key=val。requests 允许用户使用 params 关键字参数,以一
个字符串字典来提供这些参数。举例来说,如果想传递 key1 = value1 和 key2 =
value2 到 httpbin.org/get,那么可以使用下述代码:

```
1. payload = {'key1': 'value1', 'key2': 'value2'}
2. r = requests.get("http://httpbin.org/get", params=payload)
3. print(r.url)
4.
5. # 将获得如下结果
6. >>> http://httpbin.org/get?key2=value2&key1=value1
```

此处,开发者还能够将一个列表作为值传入,其代码如下:

```
1. payload = {'key1': 'value1', 'key2': ['value2', 'value3']}
2. r = requests.get('http://httpbin.org/get', params=payload)
3. print(r.url)
4.
5. # 将获得如下结果
6. >>> http://httpbin.org/get?key1=value1&key2=value2&key2=value3
```

如果想为请求添加 HTTP 头部,只要简单地传递一个 dict 给 headers 参数就可以了。例如,在前一个示例中我们没有指定 content-type:

```
1. url = 'https://api.github.com/some/endpoint'
2. headers = {'user-agent': 'my-app/0.0.1'}
3. r = requests.get(url, headers=headers)
```

注意,定制 header 的优先级低于某些特定的信息源,例如:

① 如果在.netrc 中设置了用户认证信息,使用 headers=设置的授权就不会生效。而如果设置了 auth=参数,.netrc 的设置就无效了;

② 如果被重定向到别的主机,授权 header 就会被删除;

③ 代理授权 header 会被 URL 中提供的代理身份覆盖;

④ 在能判断内容长度的情况下,header 的 content-length 会被改写。

若是想要发送一些编码为表单形式的数据,只需简单地传递一个字典给 data 参数,数据字典在发出请求时会自动编码为表单形式:

```
1.  payload = {'key1': 'value1', 'key2': 'value2'}
2.  r = requests.post("http://httpbin.org/post", data=payload)
3.  print(r.text)
4.
5.  # 将获得如下结果
6.  >>> {
7.  >>>   ...
8.  >>>   "form": {
9.  >>>     "key2": "value2",
10. >>>     "key1": "value1"
11. >>>   },
12. >>>   ...
13. >>> }
```

很多时候想要发送的数据并非编码为表单形式的,如果传递一个 string 而不是一个 dict,那么数据会被直接发布出去。例如,Github API v3 接受编码为 JSON 的 POST/PATCH 数据:

```
1. import json
2.
3. url = 'https://api.github.com/some/endpoint'
4. payload = {'some': 'data'}
5. r = requests.post(url, data=json.dumps(payload))
```

（3）响应内容

再次以 GitHub 时间线为例：

```
1. import requests
2. r = requests.get('https://api.github.com/events')
3. r.text
4.
5. # 将获得如下结果
6. >>> u'[{"repository":{"open_issues":0,"url":"https://github.com/...
```

由于从服务器获取的内容经过了序列化处理（即对象的编码处理），获取的网页信息需要解码。requests 库能够进行自动解码，大多数采用 unicode 字符集编码的网页信息都能够被无缝地解码。在接到响应报文后，requests 库会响应头部对响应报文的编码做出有根据的推测。例如，当用户访问 r. text 时，requests 库能够获取相应的文本编码，并能够通过 r. encoding 属性改变编码格式。

```
1. print(r.encoding)
2. # 将获得如下结果
3. >>> 'utf-8'
4. # 采取如下方式可改变编码方式
5. r.encoding = 'ISO-8859-1'
```

改变编码格式后，每次访问 r. text 时，requests 库都将会使用 r. encoding 的新编码格式。用户可以使用自动化逻辑计算出响应文本的编码，比如 HTTP 和 XML 的编码，并为属性 r. encoding 设置相应的编码格式，这样便能够使用正确的编码解析 r. text。

requests 库也能以字节的方式访问请求响应体，requests 会自动解码 gzip 和 deflate 传输编码的响应数据。对于非文本请求，可以使用下述代码。

```
1. print(r.content)
2. # 将获得如下结果
3. >>> b'[{"repository":{"open_issues":0,"url":"https://github.com/...
```

例如，以请求返回的二进制数据创建一张图片，可以使用下述代码。

```
1. from PIL import Image
2. from io import BytesIO
3.
4. i = Image.open(BytesIO(r.content))
```

requests 库中也有一个内置的 JSON 解码器，有助于处理 JSON 数据，如下述代码。

```
1. import requests
2. r = requests.get('https://api.github.com/events')
3. r.json()
4.
5. # 将获得如下结果
6. >>> [{u'repository': {u'open_issues': 0, u'url': 'https://github.com/...
```

需要注意的是,成功调用 r.json()并不意味着响应的成功,有的服务器会在失败的响应中包含一个 JSON 对象(比如 HTTP 500 的错误细节),这种 JSON 会被解码返回。要检查请求是否成功,需要使用 r.raise_for_status()或者检查 r.status_code 是否与期望相同。

2.3.3 利用 requests 库爬取百度贴吧案例

本节将通过从百度贴吧爬取的实例带大家了解 requests 库如何进行爬虫实验。

```
1. import requests
2. from lxml import etree
3. import pandas as pd
4. import time
5. import os
6.
7. class Tieba(object):
8.     ...
9.
10.if __name__ == '__main__':
11.    tieba = Tieba("数字人民币")
12.    tieba.run()
```

首先,需要引入相关的库,包括 requests、etree、pandas、times 和 os。其中 lxml 库的 etree 模块最为重要,其实现了解析和创建 XML 数据的简单且高效的 API;pandas、times 和 os 库主要用于对已爬取的数据进行本地存储。etree 主要函数有:

(1) etree.HTML():将 html 字符串转化为 Element 对象,以使用 xpath()等方法定位到对应的内容标签;

(2) etree.tostring():将 Element 对象转换成字符串;

(3) etree.fromstring():将字符串转换成 Element 对象。

```
1. class Tieba(object):
2.     def __init__(self, name):
3.         self.url ="https://tieba.baidu.com/f?ie=utf-8&kw={}".format(name)
4.         self.headers = {
5.             "Accept":"text/html,application/xhtml+xml,application/xml;…",
6.             "User-Agent":"Mozilla/5.0 (Windows NT 10.0; Win64; x64) Ap…",
7.             "cookie":"BIDUPSID=7DDA62912B86DFBB8A38FE46CCF2C8D; PSTM=…"
8.         }
9.
10.    ...
```

在导入所需库后,便可以对百度贴吧内容进行爬取。在 main 程序入口,通过实例化一个 Tieba 类并调用 Tieba 类的 run()函数来执行爬虫程序。接下来将详细展开讲解 Tieba 类。

在 Tieba 类的构造函数 __init__()中,我们首先给予了 Tieba 对象一个带参的起始 url 地址属性。地址 https://tieba.baidu.com/f 指向的是百度贴吧的主页面,紧随其后的 ie=utf-8&kw={}指明了页面的编码格式与搜索框中带的参数。在实例化 Tieba 对象时,我们传入了"数字人民币"作为关键词,由此可定位到对应的网页,如图 2-10 所示。

图 2-10   以"数字人民币"为参数的 url 定位网页

除此之外还可以对 Tieba 对象的 headers 属性进行赋值,用于 User-Agent (UA)伪装。门户网站的服务器会检测对应请求的载体身份标识,如果检测到请求的载体身份标识为某一款浏览器,说明该请求是一个正常的请求;如果检测到请求的载体身份标识不是基于某一款浏览器的,则表示该请求为不正常的请求,则服务器端就很有可能会拒绝该次请求。采用 UA 伪装能够让爬虫对应的请求载体身份标识伪装成某一款浏览器,从而避免被反爬机制拒绝访问。以 Chrome 浏览器为例,可以通过 F12 打开浏览器的开发者模式,并根据以下步骤获得 UA 伪装参数,如图 2-11 所示。

整个过程的代码如下:

```
1. class Tieba(object):
2.     ...
3.
4.     def get_data(self, url):
```

```
5.          response = requests.get(url, headers=self.headers)
6.          time.sleep(0.5)
7.          with open("temp.html","wb") as f:
8.              f.write(response.content)
9.          return response.content
10.
11.     def parse_data(self, data):
12.         data = data.decode().replace("<!--","").replace("-->","")
13.         html = etree.HTML(data)
14.         el_list=html.xpath('//*[@id="thread_list"]/li/div/div[2]/div[1]/div[1]/a')
15.         # 循环爬取当前页面的贴吧标题内容及对应的url
16.         data_list = []
17.         for el in el_list:
18.             temp={}
19.             temp['title'] = el.xpath("./text()")[0]
20.             temp['link'] = 'https://tieba.baidu.com' + el.xpath("./@href")[0]
21.             data_list.append(temp)
22.         # 判断是否还有下一页
23.         try:
24.             next_url='https:'+html.xpath('//a[contains(text(),"下一页>")]/@href')[0]
25.         except:
26.             next_url = None
27.         # 返回爬取信息与下一页面的url
28.         return data_list, next_url
29.
30.     def run(self):
31.         next_url = self.url
32.         while True:
33.             data = self.get_data(next_url)
34.             data_list, next_url = self.parse_data(data)
35.             if next_url == None:
36.                 break
```

图 2-11 UA 伪装参数获取方法步骤

Tieba 对象初始化完成后,便会执行 tieba.run()函数爬取相关信息。在 run 函数接收到待爬取的 url 参数后(第一个 url 地址为种子 url 地址,即 https://tieba.

baidu.com/f?ie＝utf-8&kw＝数字人民币），便会开始对 url 的内容先后进行循环获取与解析，直至满足循环退出条件。下面分别对 get_data()函数和 parse_data()函数进行介绍。

在 get_data()函数采用 requests 库对象获取对应 url 的页面内容后，返回对应 response 对象。将获得的 response 对象进行存储后，便可以进一步交与 parse_data()函数进行解析。此处以解析获取贴吧帖子的标题与对应的 url 超链接为例，讲解如何利用 Xpath 语言实现 HTML 页面解析。首先需要将无意义的字符"＜！—"和"—＞"替换掉，同时采用 etree.HTML()方法将 html 字符串转化为 Element 对象；其次，便需要在 Element 对象中找到需要爬取的内容，如图 2-12 所示。

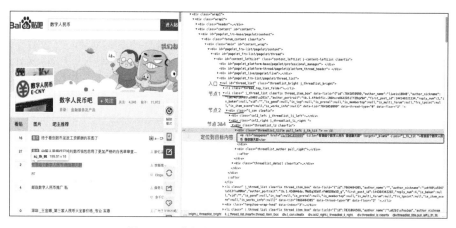

图 2-12　需爬取 Element 内容定位步骤

在利用 chrome 开发者工具定位到需要爬取的内容后，采用 Xpath 语言根据定位路径获取"//＊[@id＝"thread_list"]/li/div/div[2]/div[1]/div[1]/a"锁定目标标签，便可以循环地取出目标标签对应的标题和超链接。最后，采用 Xpath 语言寻找是否有下一页的 url 地址，以判断是否需要执行 Tieba 对象的 run()函数进行下一轮的迭代。

2.4　基于 Python 的爬虫框架

2.4.1　Python 爬虫框架概览

接下来，将介绍 5 款常用的基于 Python 的爬虫框架。

（1）Scrapy 是 Python 实现的一个应用框架，旨在爬取网站并提取结构性数据。Scrapy 广泛应用在多种程序，包括数据挖掘、信息处理、存储历史数据等领域，使用 Scrapy 框架可以轻松编写爬虫来抓取指定网站的内容或图片。Scrapy 使用

Twisted 这个异步网络库来处理网络通信,架构清晰,并且包含了各种中间件接口,可以灵活地完成各种需求,同时也提供了多种类型爬虫的基类,如 BaseSpider、sitemap 爬虫等,最新版本又提供了 web 2.0 爬虫的支持。

(2) Crawley 是基于非阻塞通信(NIO)的 Python 爬虫框架,它能高速爬取对应网站的内容,支持关系型和非关系型数据库,如 MongoDB、Postgre、Mysql、Oracle、Sqlite 等,支持输出 Json、XML 和 CSV 等各种格式。

(3) Portia 是一款免费的 Web 爬虫工具,旨在让用户轻松地创建自己的爬虫程序,且无须编写任何代码。Portia 提供了丰富的可视化的界面,能够帮助用户对目标网站进行分析,并且自动识别页面上的数据内容。

(4) newspaper 库是一个主要用来提取新闻内容及分析的 Python 爬虫框架,常用于抓取新闻网页。其操作简单易学,即使对完全没了解过爬虫的初学者也非常的友好,简单学习便能轻松上手。newspaper 在使用过程中不需要考虑 HTTP Header、IP 代理,也不需要考虑网页解析,网页源代码架构等问题。

(5) Python-goose 是一款免费的 Python 爬虫框架,旨在从网页中提取文章内容。使用 Python-goose,用户可以便捷地从新闻网站等页面上提取文章、图片、摘要等信息,该框架能够智能地处理不同语言环境下的文章内容,并支持多种输出格式,包括 HTML、Markdown 和 JSON 等。与其他爬虫框架相比,Python-goose 有着更高的准确性和性能优势。

2.4.2 Scrapy 爬虫操作入门

1. Scrapy 框架安装

在 Windows 系统下安装 Scrapy 框架,需借助 pip 工具安装 Scrapy 框架。命令如下:

```
1. # 升级安装pip
2. pip install --upgrade pip
3. # 借助pip安装scrapy
4. pip install Scrapy
```

在 DOS 命令行工具中输入 Scrapy,若出现 Scrapy 的相关帮助指令则代表安装成功。

2. 新建 Scrapy 项目

在开始爬取之前,必须创建一个新的 Scrapy 项目,进入自定义的项目目录中,运行下列命令:

```
1. scrapy startproject mySpider
```

其中,mySpider 为项目名称,该命令将会创建一个 mySpider 文件夹,目录结构大致如下所示:

```
1. mySpider/
2.    scrapy.cfg
3.    mySpider/
4.        __init__.py
5.        items.py
6.        pipelines.py
7.        settings.py
8.        spiders/
9.            __init__.py
10.           ...
```

下面简单介绍一下各个主要文件夹的作用。

（1）scrapy.cfg：项目的配置文件；

（2）mySpider/：项目的 Python 模块，将会从这里引用代码；

（3）mySpider/items.py：项目的目标文件；

（4）mySpider/pipelines.py：项目的管道文件；

（5）mySpider/settings.py：项目的设置文件；

（6）mySpider/spiders/：存储爬虫代码目录。

3. 制作 Scrapy 爬虫

在当前目录下输入命令，将在 mySpider/spider 目录下创建一个名为 firstcrawler 的爬虫，并指定一个爬取域的范围 www.target.cn：

```
1. scrapy genspider firstcrawler "www.target.cn"
```

打开 mySpider/spider 目录里的 firstcrawler.py，默认增加了下列代码，包括三个强制的属性和一个方法：

```
1. import scrapy
2.
3. class FirstcrawlerSpider(scrapy.Spider):
4.     name = 'firstcrawler'
5.     allowed_domains = ['www.target.cn']
6.     start_urls = ['http://www.target.cn/']
7.
8.     def parse(self, response):
9.         pass
```

（1）name="":这个爬虫的识别名称，必须是唯一的，在不同的爬虫必须定义不同的名字；

（2）allow_domains=[]：是搜索的域名范围，也就是爬虫的约束区域，规定爬虫只爬取这个域名下的网页，不存在的 url 会被忽略；

（3）start_urls=()：爬取的 url 元祖/列表。爬虫从这里开始抓取数据，所以，第一次下载的数据将会从这些 urls 开始。其他子 url 将会从这些起始 url 中继承性生成；

（4）parse(self,response)：解析的方法，每个初始 url 完成下载后将被调用，调用的时候传入从每一个 url 传回的 response 对象来作为唯一参数,解析返回的网页数据(response.body),提取结构化数据生成需要下一页的 URL 请求。

修改 parse()方法,让其对保存爬取的页面为 web.html:

```
1. def parse(self, response):
2.     filename = "web.html"
3.     open(filename, 'w').write(response.body)
```

运行之后,如果打印的日志出现[scrapy]INFO:Spider closed(finished),代表执行完成。之后在当前文件夹中出现了一个 web.html 文件,里面就是要爬取的网页的全部源代码信息。

除此之外,Scrapy 保存信息的最简单的方法主要有四种,-o 输出指定格式的文件,命令如下:

```
1. # 运行爬虫,并保存为 json 格式
2. scrapy crawl firstcrawler -o web.json
3. # 保存 json lines 格式,默认为 Unicode 编码
4. scrapy crawl firstcrawler -o web.jsonl
5. # 保存 csv 格式,可用 Excel 打开
6. scrapy crawl firstcrawler -o web.csv
7. # 保存 xml 格式
8. scrapy crawl firstcrawler -o web.xml
```

2.4.3 利用 Scrapy 爬取微博网站案例

1. 定位爬取目标信息

以爬取微博中关于"神舟十三号"的所有的讨论信息为例,爬取内容包括用户昵称、发表时间、发布内容和扩展链接。在 https://s.weibo.com/weibo?q=神舟十三号 & typeall=1& suball=1& Refer=SWei-bo_box& page=1 链接下找到想要爬取内容的 Xpath 路径,一个简单的获取方式如图 2-13 所示。

其中,用户昵称、发表时间、发布内容、扩展链接分别为:

用户昵称: //*[@id="pl_feedlist_index"]/div[1]/div[{}]/div/div[1]/div[2]/div/div[2]/a[1]/text()

发表时间: //*[@id="pl_feedlist_index"]/div[1]/div[{}]//p[@class="from"]/a[1]/text()

发布内容: //*[@id="pl_feedlist_index"]/div[1]/div[{}]/div/div[1]/div[2]/p[1]/text()

扩展链接: //*[@id="pl_feedlist_index"]/div[2]/div/span/ul/li/a/@href

在明确了爬取的种子 url 地址、爬取域范围、目标信息的 xpath 地址后,便可以制作 Scrapy 爬虫循环地对整个目标页面的关键信息进行爬取和储存。

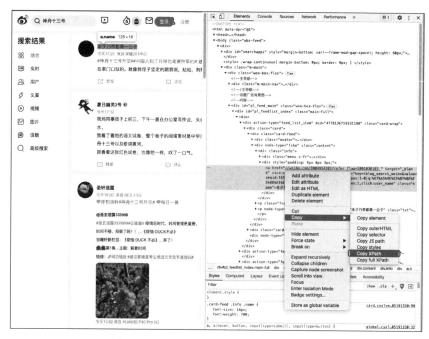

图 2-13　获取爬取目标信息的 Xpath 地址

2. 详解微博爬虫制作

第一步,创建一个 weibo_proj 的微博爬虫项目,并新建一个名为 weibo 的爬虫,在命令行中输入如下代码:

```
1. # 创建一个微博爬虫项目
2. scrapy startproject weibo_proj
3. # 进入到创建的爬虫项目目录
4. cd weibo_proj
5. # 新建一个微博爬虫
6. scrapy genspider weibo "www.target.com"
```

打开 weibo_proj/spider 目录里的 weibo.py,对 allowed_domains 和 start_urls 属性做如下改变,扩展爬取的允许范围并赋值入口 url 或种子 url 地址:

```
1. import scrapy
2.
3. class WeiboSpider(scrapy.Spider):
4.     name = 'weibo'
5.     # allowed_domains 原始值为 ['s.weibo.com']
6.     allowed_domains = ['s.weibo.com','weibo.com']
7.     # start_urls 原始值为 ['http://s.weibo.com/']
8.     start_urls = ['https://s.weibo.com/weibo?q=神州十三号&typeall=1&suball=1&Refer=SWeibo_box&page=1']  # 主入口url
9.
10.    def parse(self, response):
11.        pass
```

第二步，找到 weibo_proj/settings.py 配置文件，并修改或添加以下配置：

```
1.  # 定义编码格式
2.  FEED_EXPORT_ENCODING='utf-8'
3.  # 暂时关闭对robot.txt规则的支持
4.  ROBOTSTXT_OBEY = False
5.  # 进行UA伪装
6.  USER_AGENT = "Mozilla/5.0 (Windows NT 10.0; Win64; x64) AppleWebKit/537.36 (KHT…"
7.  Accept='text/html,application/xhtml+xml,application/xml;q=0.9,image/avif,image/…'
8.  cookie='SUB=_2A25PY6D_DeRhGeNI7FUZ8i7MzzSIHXVsr8C3rDV8PUJbkNAfLUbekW1NSCQMPTFXT…'
```

Python2.x 默认编码环境是 ASCII，当和取回的数据编码格式不一致时，可能会造成乱码，因此需要指定保存内容的编码格式，一般情况下可保存为比较常用的 utf-8 编码格式。此外，很多网站会遵从 robot.txt 反爬虫协议，导致网站无法爬取。出于学习的需要，可以暂时关闭对 robot.txt 协议的支持，通过 UA 伪装正常的用户访问流量。

第三步，改写 parse() 解析方法，使得 Scrapy 爬虫程序能够循环地获取关于"神舟十三号"目标话题的所有相关帖子：

```python
1.  class WeiboSpider(scrapy.Spider):
2.      # 省略强制属性赋值
3.      ...
4.
5.      def crawl(self, response):
6.          # 初始化一个list集合用于存储爬取数据
7.          item_list = []
8.          div_list = response.xpath('//div[@class="card-feed"]')
9.          #遍历列表，获取列表内容
10.         bl=1
11.         for div in div_list:
12.             # xpath获取爬取目标信息的内容
13.             name = div.xpath('//*[@id="pl_feedlist_index"]/div[1]/div[{}]/div
    /div[1]/div[2]/div/div[2]/a[1]/text()'.format(bl)).extract_first()
14.             time= div.xpath('//*[@id="pl_feedlist_index"]/div[1]/div[{}]//p[@
    class="from"]/a[1]/text()'.format(bl)).extract_first()
15.             content = div.xpath('//*[@id="pl_feedlist_index"]/div[1]/div[{}]/
    div/div[1]/div[2]/p[1]/text()'.format(bl)).extract()
16.             # 标签内容处理
17.             content = ' '.join(content)
18.             name =name.strip()
19.             time =time.strip()
20.             content =content.strip()
21.             bl+=1
22.             # 将爬取目标信息暂存入字典item中
23.             item = dict(
24.                 name = name,
25.                 time = time,
26.                 content = content,
27.             )
28.             # 将数据加入数据集
29.             item_list.append(item)
30.         # 返回爬取数据集合
```

```
31.         return item_list
32.
33.    def parse(self, response):
34.         href_list = response.xpath('//*[@id="pl_feedlist_index"]/div[2]/div/s
    pan/ul/li/a/@href').getall()
35.         base_url="https://s.weibo.com"
36.         for href in href_list:
37.             url = f"{base_url}{href}"
38.             yield scrapy.Request(url=url,callback=self.crawl)
```

当 parse()解析函数开始运行时,会首先获取所有扩展页面链接。然后,parse()函数会调用一个自定义的 crawl()函数,循环地取出每个 url 链接对应微博的所有内容。在 crawl 函数的每次循环中,为方便保存爬取信息,会先实例化一个以 item 为数据单元的 item_list 数组,用于存储每条微博的用户昵称、发表时间与发布内容;接着,逐个从所有微博的 div 容器数组中,循环地爬取所有目标信息存储于 item 中,并追加到 item_list 中。

第四步,运行 Scrapy 爬虫,并将爬取的目标信息保存为. csv 格式:

```
1. scrapy crawl weibo -o weibo.csv
```

爬取结果如图 2-14 所示。

图 2-14　微博 Scrapy 爬虫成功爬取的目标信息

2.5　基于 Python 的文本数据预处理

2.5.1　文本数据预处理的范畴

文本数据预处理是指将文本数据转换为可预测且可分析的任务形式,这里的任务是方法和域的组合。文本数据预处理通常分为中文文本数据预处理和英文文本数据预处理,中英文预处理大体相同,但还是有部分区别。中文文本没有像英文单词那样用空格隔开,因此不能用最简单的空格和标点符号完成分词,一般需要用分词算法来协助分词任务。英文文本预处理包括拼写检查,比如"Helo World"这样的拼写错误,通常采用词干提取(stemming)和词形还原(lemmatization)等算法来处理,这主要是由于英文词汇的不同形式会对后续步骤产生干扰,因此在进行文本数据预处理时,需要直接得到单词的原始形态,比如:"faster""fastest",都变为"fast"。下面对需要进行文本数据预处理的情形进行简要说明。

(1) 网页标签:由于数据是通过爬取网页获得的,这些数据通常会包含大量的HTML标签。然而,这些标签对文本数据分析往往没有什么用处,因此我们需要将其去除。这就是所谓的"网页标签",仅用于描述那些在文本中没有实际作用的HTML标记。

(2) 停用词:中英文文本中存在大量的虚词、代词或者没有特定含义的动词、名词,这些词语在句子中出现的频率非常高,但对文本分析没有任何帮助,这些不具备统计意义的词被称为"停用词"。在进行文本预处理时一般可以通过匹配停用词表过滤掉这些停用词。

(3) 词的标准化:一般用于英文文本,指将不同时态、不同人称或单复数形式的同一单词映射成同一种拼写方式,通常采用词干提取(stemming)和词形还原(lemmatization)两类算法得到文本的原始形态,以减少对后续数据分析过程的干扰。

(4) 文本去重:文本数据中可能会出现高频重复语句,如商品评论中的默认好评,这类重复出现的内容将会降低文本分析结果的准确性。

(5) 表情符号:主流的表情符号的处理方式主要有以下两种。一种方式是直接将表情符号转化为对应的情感词,比如将"大哭"的表情直接转化为文本形式——伤心;另一种方式是通过将表情符号转化为词向量。

(6) 标点符号:标点符号跟单词之间不存在空格,如果不去除标点符号,那么"hello,"和"hello"将会被当作两个单词进行处理。这时候,选择删除标点符号是一个比较好的选择。但是标点符号可能带有感情,所以也要根据具体任务斟酌。

(7) 混合语境:在处理微博、贴吧或论坛等有别于传统现代汉语的书面语过程中,简单的英语常用词、常用句式都会被用在微博或帖子中,彰显出年轻用户在社交媒体中的"时尚性"和"个性化"等特点,尤其是在将英语作为日常工作语言的中国香港和中国澳门特别行政区,其在社交媒体上的语言表达往往杂糅着英文和粤语。因此,在分析文本信息前,有必要根据文本内容和任务将这些语言进行拆分处理,并形成统一的语言范式。

2.5.2　文本数据预处理的工具与方法

1. 常用文本数据预处理平台

数据预处理平台能够大大加快数据预处理的效率,下面介绍 4 款常用的数据预处理工具,如图 2-15 所示[21]。

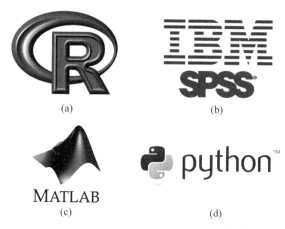

(a)　　　　　　　　(b)

(c)　　　　　　　　(d)

图 2-15　4 款常用的数据预处理工具[21]

(1) R 语言: R 语言是主要用于统计分析和绘图的语言和操作环境。R 语言最初是新西兰奥克兰大学的 Ross Ihaka 和 Robert Gentleman 开发的(也因此称为 R 语言),现在由"R 开发核心团队"负责开发。R 语言是基于 S 语言的一个 GNU 项目,所以也可以当作 S 语言的一种实现,通常用 S 语言编写的代码都可以不作修改的在 R 环境下运行。

(2) SPSS: SPSS 是一款统计产品与服务解决方案软件。2000 年,SPSS 公司正式将英文全称更改为"统计产品与服务解决方案",这标志着 SPSS 的战略方向进行了重大调整。SPSS 是 IBM 公司推出的一系列用于统计学分析运算、数据挖掘、预测分析和决策支持任务的软件产品及相关服务的总称,有 Windows 和 MACOSX 等版本。

(3) MATLAB: MATLAB 是一种用于算法开发、数据可视化、数据分析以及数值计算的高级技术计算语言和交互式环境。除矩阵运算、绘制函数/数据图像等常用功能外,MATLAB 还可用来创建用户界面,以及调用其他语言(包括 C、C++、Java、Python、FORTRAN)编写的程序。

(4) Python: Python 是一种广泛使用的解释型、高级和通用的编程语言。Python 支持多种编程范型,包括函数式、指令式、反射式、结构化和面向对象编程。它拥有动态类型系统和垃圾回收功能,能够自动管理内存使用,并且拥有庞大而广泛的标准库。比如,sklearn 库的 proprocessing 模块、Pandas 库能够很好地进行数据清洗等操作。

2. 文本数据预处理的方法

（1）Jionlp Python

Jionlp[22]是一款中文 NLP 预处理工具包，可以提供 NLP 任务预处理功能，具有准确、高效、零使用门槛的特点，并提供一步到位的查阅入口。其功能主要包括：文本清洗，去除 HTML 标签、异常字符、冗余字符，转换全角字母、数字、空格为半角，抽取及删除 E-mail 地址及域名、电话号码、QQ 号、括号内容、身份证号、IP 地址、URL 超链接、货币金额与单位，解析身份证号信息、手机号码归属地、座机区号归属地、手机号码运营商，按行快速读写文件，（多功能）停用词过滤，（优化的）分句，地址解析，新闻地域识别，繁简体转换，汉字转拼音，汉字偏旁、字形、四角编码拆解，基于词典的情感分析，色情数据过滤，反动数据过滤，关键短语抽取，抽取式文本摘要，成语接龙，成语词典、歇后语词典、新华字典、新华词典、停用词典、中国地名词典、世界地名词典，基于词典的 NER，NER 的字、词级别转换，NER 的 entity 和 tag 格式转换，NER 模型的预测阶段加速并行工具集，NER 标注和模型预测的结果差异对比，NER 标注数据集分割与统计，文本分类标注数据集的分割与统计，回译数据增强。

（2）Jieba Python

Jieba[23]库是优秀的中文分词第三方库，中文文本需要通过分词获得单个的词语。Jieba 库的分词原理为：利用一个中文词库，确定汉字之间的关联概率，汉字间概率大的组成词组，形成分词结果。除了分词，用户还可以添加自定义的词组。Jieba 库分词有 3 种模式：

① 精确模式：即把一段文本精确地切分成若干个中文单词，若干个中文单词之间经过组合，可以精确地还原为之前的文本。

② 全模式：即将一段文本中所有可能的词语都扫描出来，其中一段文本可能被它切分成不同的模式，或者被它从不同的角度来切分变成不同的词语。在全模式下，Jieba 库会将各种不同的组合都挖掘出来。分词后的内容再组合起来会有冗余，不再是原来的文本。

③ 搜索引擎模式：该模式是在精确模式的基础上进行改进的，主要是对那些较长的词语进行再次切分，以符合搜索引擎对短词语的索引和搜索。尽管这种模式可以更好地适应搜索引擎，但某些情况下，也可能会产生冗余单词。

（3）正则表达式

正则表达式，也称为 Regex，是一个字符序列，用于匹配文本内的字符串。匹配模式后，可以在该模式上应用不同的功能。例如，可以替换字符串上的值，并且根据正则表达式模式，可以在文本中添加或删除值，也可以在文本内部搜索值。re-Python 的标准库是最常用的用于字符匹配的库，有关该库的详细信息可参考 2.3 节，此处便不再赘述。

（4）KSentence/KShingle/MinHash/SimHash 算法

① KSentence 算法：KSentence 算法基于一个朴素的假设，即两个重复文本

中,最长的 K 个句子应该是完全一样的。通过此假设,拼接最长的 K 个语句,剔除重复的等长文本。

② KShingle 算法:KShingle 算法通过将文档表示为 KShingle 的集合,比较各文档 KShingle 集合之间的相似性,来衡量文档的相似度。

③ MinHash 算法:对海量文本而言,KShingle 算法得到的特征向量是超高维的,导致该算法具有非常大的时间复杂度和空间复杂度。MinHash 算法设计了一种最小哈希函数,将原始超高维的稀疏向量转化为低维的稠密向量,降低了计算的空间复杂度。同时,其对转换后的稠密向量进行分段索引,缩小潜在相似文本范围,降低了计算的时间复杂度。

④ SimHash 算法:KShingle 算法和 MinHash 算法都需要生成一个庞大的 Shingle 词组库,当文本数量和文本长度很大时,计算这个词组库需要耗费巨大的时间和空间资源,且各文档的特征向量计算都依赖这个共同的词组库,因此计算特征向量的过程难以并行化。SimHash 算法仅基于文档中包含的词汇生成文档的特征向量,极大提高了计算效率。

4 种算法的步骤如表 2-1 所示。

表 2-1 4 种去重算法的算法步骤[24]

步骤/算法	KSentence 算法	KShingle 算法	MinHash 算法	SimHash 算法
清洗文本	去掉部分标点和特殊字符,保留逗号、句号、冒号、换行等语句分隔标点	去掉标点、空格、特殊字符等	去掉标点、空格、特殊字符等	去掉标点、空格、特殊字符等
分割词组	无	指定长度的滑动窗口提取 Shingle 作为词组	指定长度的滑动窗口提取 Shingle 作为词组	分词结果作为词组
分割语句	根据语句分隔标点提取文本语句	无	无	无
生成词库	无	所有文本的互异词组的集合构成词库	所有文本的互异词组的集合构成词库	无
提取指纹	计算语句的长度,提取 K 个最长的语句,拼接文本后计算 MD5 作为指纹	基于词库计算文本的 one-hot 编码向量作为文本指纹	基于词库计算文本的 one-hot 编码,再对文本的 one-hot 编码向量随机排列,取首个非零元素的下标,重复 N 次,得到的 N 维向量作为文本指纹	统计文本中各词组的词频,将各词组哈希为指定长度的 0-1 向量,将 0 改为 -1,按位与对应词频相乘,再将所有词组的相乘结果按位相加,大于 0 映射为 1,否则映射为 0,得到的 0-1 向量作为文本指纹

续表

步骤/算法	KSentence 算法	KShingle 算法	MinHash 算法	SimHash 算法
建立索引	以指纹为索引,指向具有该指纹的文本 ID	以指纹为索引,指向具有该指纹的文本 ID	将文本指纹分段,以各段指纹为索引,指向具有该指纹的文本 ID	将文本指纹分段,以各段指纹为索引,指向具有该指纹的文本 ID
生成候选	具有同一指纹的文本对	具有同一指纹的文本对	至少具有同一段相同指纹的文本对作为候选	至少具有同一段相同指纹的文本对作为候选
计算距离	无须计算,默认所有候选文本对都是重复文本对	计算候选文本对的 Jaccard 相似度,大于阈值则认为是重复文本对	计算候选文本对的同位元素相等概率,大于阈值则认为是重复文本对	计算候选文本对的 Hamming 距离,小于阈值则认为是重复文本对

在算法性能上,通过对比其中三种较优秀的去重算法,即 KSentence、MinHash 和 SimHash,所得的结果如表 2-2 所示。

表 2-2　4 种去重算法的效率比较[24]

测　量　值	对　比　结　果
运行速度	KSentence > SimHash > MinHash
准确率	KSentence > MinHash > SimHash
召回率	SimHash > MinHash > KSentence

因此在工程应用上,海量文本用 SimHash 算法,短文本用 MinHash 算法,追求速度用 KSentence 算法。

2.5.3　文本数据预处理流程

文本数据预处理的大致流程如图 2-16 所示。

文本数据预处理工作以分词步骤为界,之前的文本标准化和文本清洗是语料级的文本处理,之后词的清洗、词的标准化和拼写纠错是单词级的文本处理。

1) 语料级文本处理:语料级文本处理的作用对象是数据集中的每一篇语料,它比单词级文本处理效率更高,并且可以提前去除影响分词效果的障碍(如英文中按空格分词,但与单词直接相邻的逗号等标点会产生非标准单词的分词结果("word,"标准形式应该是"word"));

2) 单词级文本处理:单词级文本处理在语料分词之后执行,它的处理对象是每篇语料中的每一个单词,主要执行词的清洗、词的标准化(如大写数字与阿拉伯数字书写形式的统一、英文单词不同时态的统一、语态书写形式的统一等)、拼写纠错。

Step 1 文本标准化。文本标准化也称为文本正则化。由于文本数据在可用的数据中是无结构的,内部包含了很多不同类型的噪点。所以在对文本进行预处理

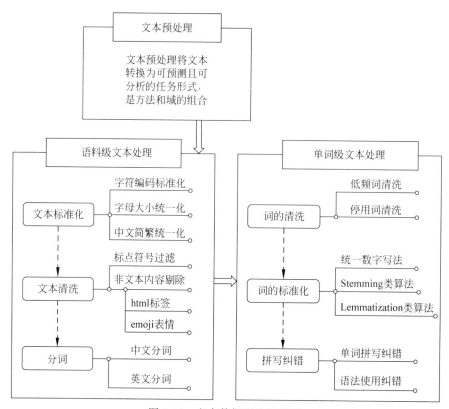

图 2-16　文本数据预处理流程

之前是不适合被用于做直接分析的。文本标准化的主要目标与常规数据预处理的目标一致：提升文本质量，使得文本数据更便于模型训练，一般包含字符编码标准化、英文字母大小写统一化和中文繁简字统一化三种。

（1）字符编码标准化：在计算机中，所有中文字符都是全角字符，而英文字母、阿拉伯数字及符号有全角和半角两种 Unicode 编码方式。它们的全角字符 Unicode 编码从 65281～65374（十六进制 0xFF01～0xFF5E），半角字符 Unicode 编码从 33～126（十六进制 0x21～0x7E），而空格符比较特殊，全角 Unicode 编码为 12288（0x3000），半角为 32（0x20）。可见除空格符外，每个全角字符的 Unicode 编码等于其半角字符的 Unicode 编码加 65248，因此字符 Unicode 编码标准化为全角字符转为半角字符。

（2）英文字母大小写统一化：为方便进行文本数据识别，所有的单词都转化为小写字母形式，避免出现大小写不一致而导致的二义性问题。在 Python 中，可以用.upper2lower(text：str)直接实现英文大小写字母的转化与统一。

（3）中文繁简字统一化：中文的繁/简体也会带来二义性问题，因此也需要进行统一化。通过统计不同取值的样本个数，并由大到小排序，确定总体样本取值范围。中文繁体字与简体字的统一化可借助 opencc 包的 OpenCC 类实现，通过不同的转换功能代码可实现不同的文字转化，例如：繁体中文转简体、简体中文转繁体、繁体中文(香港特区标准/台湾地区标准)转简体中文等。

Step 2 文本清洗。文本清洗中,常用 Unicode 码过滤非文本内容。Unicode 码表中,中日韩统一表意文字字符区间为 4E00～9FA5,半角英文字母、阿拉伯数字及符号的字符区间为 0x21～0x7E,所以标准文本字符范围为 $[4E00, 9FA5] \cup [0x21, 0x7E]$。非文本内容过滤与标点符号过滤则借助正则表达式实现。

Step 3 分词。根据语言特点,分词任务主要分为两大类。一类是英文等拉丁语系文本的分词,英文单字成词,且词与词之间用空格隔开,该类任务较为简单,直接按空格分开即可;另一类是中文文本分词,中文多字成词,且词与词之间没有明显的区分标志,因此中文分词较为复杂,需借助词表和算法等工具实现分词需求。目前分词技术已相对成熟,实际工作中可使用 Jieba 分词等开源工具直接完成分词需求。

Step 4 词的清洗。词的清洗是文本清洗的一个步骤,一般放在分词之后,用于过滤掉对模型任务无用的词。无用的词一般包含停用词和低频词两类:停用词指高频出现在所有文档中的不表示具体含义的虚词,它对模型训练无意义,可以去除;低频词指极少出现或使用的单词,它是否可以去除需要人工判断,有些词在文本中出现频率极低但意义特别重要,此时应保留。

Step 5 词的标准化。词的标准化一般采用 Stemming 和 Lemmatization 两种算法。Stemming 是一种去除单词变化形式以得到词干的方法,其主要目的是将单词转换为其基本形式,以消除不同词形带来的歧义。Stemming 算法的核心思想是对单词进行切割和匹配,把单词的前缀和后缀去掉,得到单词的词干。常用的 Stemming 算法有 Porter Stemming 和 Snowball Stemming 等。Lemmatization 是一种将单词还原为其原始形态的方法,以便更好地理解单词的实际含义。相比于 Stemming,Lemmatization 更加准确,因为它会考虑到单词的上下文和语法信息。常用的 Lemmatization 算法有 WordNet Lemmatizer、SpaCy Lemmatization 等。

Step 6 拼写纠错。拼写纠错主要检查并改正两类文本错误,即单词的拼写错误(书写错误)和单词的语法使用错误。单词拼写错误纠正的过程为:首先识别拼写错误的单词,然后找出词库中与错误单词编辑距离最小的词作为改正项并替换错误单词,一般流程如图 2-17 所示。

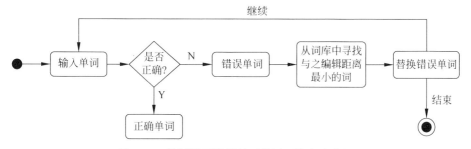

图 2-17　单词拼写错误纠正的原理性方法流程

单词的语法使用错误纠正,需借助语言模型实现,一般流程如图 2-18 所示。

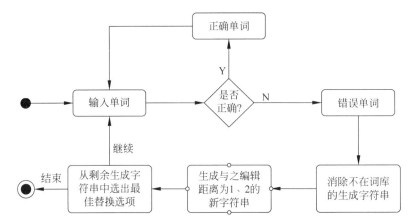

图 2-18 单词拼写错误纠正的工程实现方法流程

2.5.4 文本数据预处理案例

本节将对文本数据预处理的流程进行简要的案例展示和代码讲解。文本数据预处理流程主要包括 HTML 标签剔除、表情过滤或替换、特殊标签替换、去除停用词等。

(1) HTML 标签剔除。该流程主要是对网页爬取的文档中的 HTML 标签进行删除,比如去掉 CDATA、Script、Style、HTML 注释等字符,代码如下所示:

```
1.  def filter_tags(msg):
2.      '''
3.      去除 HTML 标签
4.      :param htmlstr:
5.      :return:
6.      '''
7.      # 匹配 CDATA
8.      re_cdata = re.compile('//<![CDATA[[^>]*//]]>', re.I)
9.      # 匹配 Script
10.     re_script = re.compile('<s*script[^>]*>[^<]*<s*/s*scripts*>', re.I)
11.     # 匹配 Style
12.     re_style = re.compile('<s*style[^>]*>[^<]*<s*/s*styles*>', re.I)
13.     # 匹配 换行
14.     re_br = re.compile('<brs*?/?>')
15.     # 匹配 HTML 标签
16.     re_h = re.compile('</?w+[^>]*>')
17.     # 匹配 HTML 注释
```

```
18.     re_comment = re.compile('<!--[^>]*-->')
19.
20.     # 去掉CDATA/Script/Style/换行/HTML 标签/HTML 注释
21.     s = re_cdata.sub('', msg)
22.     s = re_script.sub('', s)
23.     s = re_style.sub('', s)
24.     s = re_br.sub('n', s)
25.     s = re_h.sub('', s)
26.     s = re_comment.sub('', s)
27.     blank_line = re.compile('n+')
28.     s = blank_line.sub('n', s)
29.     return s
```

具体示例如下：

```
<divclass="WB_editor_iframe_word"node-type="contentBody"style="visiblility:hidden">中国人到了月球也是要种菜的。
```

去除 HTML 标签后的效果如下：

中国人到了月球也是要种菜的。

（2）特殊标签替换。该流程主要是将一些 http 链接或者特殊链接替换成相应的实体，比如图片或者语音的特殊链接，虽然不会将图片或者语音的内容进行编码或者序列化，但是可以用特殊符号来表示文本中的图片或者语音，这对一些文本生成任务和分类任务会起到一定的帮助，示例代码如下：

```
1.  def filter_msg(msg):
2.      '''
3.      替换业务特殊标签
4.      :param msg:
5.      :return:
6.      '''
7.      msg = msg.replace("\n", "")
8.      msg = msg.replace("\n", "")
9.      msg = msg.replace("\r", "")
10.     msg = msg.replace("<br>", " ")
11.     msg = re.sub(r'\[img.*\.[jpngif]+]', '[img]', msg)
12.     msg = re.sub(r'<img.*[jpngif]+\">', '[img]', msg)
13.     msg = re.sub(r'\[face \d+]', '[img]', msg)
14.     msg = re.sub(r'<a.+?href=\".+\".*>', '', msg)
15.     msg = re.sub('<img.*>', '[img]', msg)
16.     msg = re.sub('<embed.*>', '[amr]', msg)
17.     msg = msg.strip()
18.     return msg
```

具体示例如下：

中国人到了月球也是要种菜的。`<img src="https://sghimages.shobserver.com/img/catch/2022/08/21/ea31663e-3a98-4de7-a043-1bcb95c5e244.jpg"></p>`

特殊标签替换后的效果如下：

中国人到了月球也是要种菜的[img]

（3）表情过滤或替换。对于表情符号的处理可以采用两种方式：①过滤：将表情符号直接从文本中删除，以保持文本的纯净性。这种方法相对简单，但通常会丢失一些表情信息。②替换：将表情符号替换为特定的 token，以表示表情信息。通常的做法是枚举部分常见的表情编码，然后将其替换成特定的标记，如"[EMOJI]""<EMOJI>"等。这种方法可以保留表情信息，同时也避免了表情符号的影响。代码示例如下：

```
1.  def filter_emoji(msg):
2.      """
3.      过滤表情，也可以将表情枚举替换为具体的 id
4.      :param data:
5.      :return:
6.      """
7.      try:
8.          pattern_emoji = re.compile(u'([\U00002600-\U000027BF])|([\U0001f300-\U0001f64F])|([\U0001f680-\U0001f6FF])')
9.      except re.error:
10.         pattern_emoji = re.compile(u'([\u2600-\u27BF])|([\uD83C][\uDF00-\uDFFF])|([\uD83D][\uDC00-\uDE4F])|([\uD83D][\uDE80-\uDEFF])')
11.     return pattern_emoji.sub('', msg)
```

具体示例如下：

中国人到了月球也是要种菜的😊

表情过滤后的效果如下：

中国人到了月球也是要种菜的

（4）去除停用词。停用词是指在某一语言中频繁出现但缺乏实际含义或价值的词汇，例如"a""the""and"等。由于这些词汇对文本分析没有实际作用，还会浪费计算资源和降低模型效果，因此需要将其去除。去除停用词的代码示例如下：

```
1.  def filter_stopword(msg):
2.      '''
3.      去除停用词
4.      :param msg:
5.      :return:
```

```
6.        '''
7.
8.        # 加载停用词表
9.        stop_words=[line.strip('\n') for line in open('./stopword.txt','r',encodin
   g='utf-8').readline()]
10.       # 停用词的pattern
11.       pattern_stopword=re.compile('|'.join(stop_words))
12.       # 去除停用词
13.       msg=pattern_stopword.sub('',msg)
14.
15.       return msg
```

具体示例如下：

国内此轮疫情在多地蔓延，且持续时间较长，这与奥密克戎变异株的新特征及其传播速度快有关。不少专家也给出了自己的观点。

去除停用词后的效果如下：

国内 疫情 蔓延 持续时间 长 与奥密克戎变异株 新特征 传播速度快有关 专家 自己 观点

2.6　本章小结

本章为本书的预备章节，为读者介绍了基本的爬虫知识与概念，可以帮助读者更好地理解后续章节的内容。本章从爬虫的基本概念开始，介绍了爬虫的定义、通用爬虫的流程、爬虫的主要类型与常用的网络爬虫工具。在开展爬虫实例讲解之前，首先对爬虫的目标——网页进行了简要介绍，让没有相关基础的读者能够直接地了解网页，从而间接地获悉爬虫在网页上的工作原理。然后，通过 requests 库和 scrapy 库这两种最常用的爬虫工具，结合实例讲解了爬虫的一般流程与爬取网页信息的手段和方法。最后，介绍了如何对爬取的信息进行数据预处理，从而为建立社交媒体大数据分析模型打下前期基础。

参考文献

［1］　CHANG Z. A Survey of Modern Crawler Methods[J]. The 6th International Conference on Control Engineering and Artificial Intelligence,2022：21-28.

［2］　网络爬虫[EB/OL].[2022-8-30]. https://baike.baidu.com/item/网络爬虫/5162711.

［3］　刘金红,陆余良. 主题网络爬虫研究综述[J].计算机应用研究,2007,24(10)：26-29.

［4］　WebCrawler[EB/OL].[2022-8-30]. https://en.wikipedia.org/wiki/WebCrawler.

［5］　KAUSAR M A,DHAKA V S,SANJEEV K S. Web crawler：a review[J]. International Journal of Computer Applications,2013,63(2)：31-36.

［6］　DESAI K,DEVULAPALLI V, AGRAWAL S,et al. Web Crawler：Review of Different

Types of Web Crawler, Its Issues, Applications and Research Opportunities [J]. International Journal of Advanced Research in Computer Science,2017,8(3): 1199-1202.

[7] YU Y,HUANG S,TASHI N,et al. A survey about algorithms utilized by focused web crawler[J]. Journal of Electronic Science and Technology,2018,16(2): 129-138.

[8] 排名前 20 的网络爬虫工具[EB/OL]. [2022-8-30]. https://zhuanlan. zhihu. com/p/ 3883-2759.

[9] 爬虫工具和服务介绍[EB/OL]. [2022-8-30]. https://cloud. tencent. com/developer/article/1420-944.

[10] JavaScript [EB/OL]. [2022-8-30]. https://developer. mozilla. org/zh-CN/docs/Web/ JavaScr-ipt/Guide/Introduction.

[11] 前端开发者最常用的 IDE[EB/OL]. [2022-8-30]. https://cloud. tencent. com/developer/article/1150505.

[12] Request-Py[EB/OL].[2022-8-30]. https://pypi. org/project/requests/.

[13] BeautifulSoup [EB/OL]. [2022-8-30]. https://www. crummy. com/software/ BeautifulSou-p/bs4/doc/.

[14] Regular Expression Operations[EB/OL].[2022-8-30]. https://docs. python. org/3/library/re. html.

[15] Selenium with Python[EB/OL].[2022-8-30]. https://selenium-python. readthedocs. io/.

[16] EISNER B,ROCKTÄSCHEL T,AUGENSTEIN I,et al. emoji2vec: Learning emoji representations from their description[J]. arXiv preprint arXiv: 1609. 08359,2016.

[17] FELBO B,MISLOVE A,SOGAARD A,et al. Using millions of emoji occurrences to learn any-domain representations for detecting sentiment, emotion and sarcasm [J]. arXiv preprint arXiv: 1708. 00524,2017.

[18] BOSTROM K, DURRETT G. Byte pair encoding is suboptimal for language model pretraining[J]. arXiv preprint arXiv: 2004. 03720,2020.

[19] WEI J,ZOU K. Eda: Easy data augmentation techniques for boosting performance on text classification tasks[J]. arXiv preprint arXiv: 1901. 11196,2019.

[20] ANABY-TAVOR A,CARMELI B,GOLDBRAICH E,et al. Do not have enough data? Deep learning to the rescue[J]. In Proceedings of the AAAI Conference on Artificial Intelligence,2020,34(5): 7383-7390.

[21] 常用的数据分析工具[EB/OL].[2022-8-30]. https://zhuanlan. zhihu. com/p/439027557.

[22] JioNLP Python[EB/OL].[2022-8-30]. https://github. com/liuwq168/JioNLP.

[23] Jieba 分词工具[EB/OL].[2022-8-30]. https://www. jb51. net/article/243626. htm.

[24] 文本去重算法[EB/OL].[2022-8-30]. https://zhuanlan. zhihu. com/p/43640234.

第3章

社交媒体大数据智能情感分析方法与技术

3.1 社交媒体大数据情感分析方法

3.1.1 社交媒体大数据情感分析基础方法

本节主要基于社会学、统计学和情报学三个基础理论来阐述社交媒体中大数据情感分析的理论依据和分析范畴。

1. 基于社会学理论的方法

随着社交媒体平台的发展,已有许多研究表明和证实了依据社会学理论可以对社交媒体上的信息进行有效的分析,并已广泛应用于社交媒体大数据的情感分析中。例如社会学中的社会同质性[1]、情绪感染[2]、社会影响[3]等理论在信息分析中已得到广泛的应用。

(1) 社会同质性:社会同质性是指人们倾向于与自己相似的人做朋友,在现实生活中具有相似兴趣爱好的人更容易聚集到一起。

(2) 情绪感染:人们通过面部表情、声音起伏和姿势的反馈去感染他人的情绪,这种现象在社会科学中被认为是情绪感染。情绪感染在人际关系中有着重要的作用,可以潜移默化地促进行为的同步性以及对他人情感的追踪。

(3) 社会影响:人与人之间频繁互动的过程中会互相产生影响,通过这种相互影响,使得人们不断地调整自身行为来保持与朋友的一致性,随着时间的增长,人们与其朋友间的行为模式将会越来越相似。

根据上述的社会学理论研究可知,社交媒体平台的用户之间存在着某些社会关系,这些社会关系影响着人们的情绪表达和行为选择[4]。目前许多学者对这些社会关系进行大量的研究,并将其应用到了情感分析领域。

例如,Zeng 等[5]通过消息发出部门的威信力、用户主观判断能力和情绪感染等因素刻画出用户对于社会事件反应的情感变化趋势;Zhang 等[6]提出了交互感知传播网络,通过考虑各种交互因素,比如不同社会角色之间的影响程度、不同话题间交互和情感间交互,预测了社交媒体平台的用户在这些因素影响下传播消息的概率。

2. 基于统计学理论的方法

除了根据社会学原理对社交媒体信息进行分析,学者们还发现生活中许多变量之间存在相互依赖、相互影响的关系。这些变量间的关系通常有两种:一种是确定的函数关系,比如半径大小与圆面积大小有函数关系。另一种是相关关系,比如人的身高与体重有相关关系。在文本情感分析实践中,主要通过相关性分析来判定情感分类。变量间的相关关系有很多种[7],大致可以分为以下几类。

(1) 按相关程度划分:分为完全相关、不完全相关和不相关。

(2) 按相关方向划分:分为正相关和负相关。

(3) 按相关形式划分:分为线性相关和非线性相关。

(4) 按变量多少划分:分为简单相关和复杂相关。

关于变量的相关性算法有两个,一个是等级相关系数[8],通过把有关联的标志排列成等级次序,然后测定不同序列之间的相关程度;另一个是简单线性相关系数[9],根据相关性度量值的大小,判断其相关程度,同时根据其度量值的正负,来判断相关方向。

3. 基于情报学理论的方法

在情报学领域中,学者们在对社交媒体大数据进行情感分析时,主要结合了社会学领域中的舆情三大社会属性进行定量分析,然后建立外化表现模型,这三大社会属性包括人群属性、内容属性和情绪属性。

(1) 人群属性——意见领袖:是指能够及时提供信息及引导舆情走势的人。通过计算评论数、转发数、点赞量及粉丝数等不同参数的权重,最终确定某话题下的意见领袖,参考微博意见领袖评价体系[10]。

(2) 内容属性——事件:通过 Ucinet、Netdraw 及 Gephi 等多种社会网络分析工具构建事件的知识图谱,分析事件整体的话题分布特点,解析关键词之间的联系,并根据点度中心性等社会网络分析指标,探究事件整体在演进过程中的内容属性,实现事件内容的可视化。

(3) 情绪属性——情感:通过使用 ROST CM6 等相关情感分析工具[11],判断用户在各个时间节点上的情感波动趋势,并统计出正面、中性及负面言论。以时间节点为横轴,构建社交媒体大数据情感分析的可视化知识图谱,把握舆情传播过程中情感波动的情绪属性。

目前已有不少学者使用情报学定量分析方法对社交媒体大数据的舆情案例进行了实证研究,比如李冉[12]、牟冬梅[13]等。

3.1.2 社交媒体大数据情感分析常用方法

在了解社交媒体大数据情感分析相关基础理论后,通常采用内容分析法和网络计量法这两种方法进行情感分析,其中内容分析法主要是对社交媒体数据进行定量分析,并从中提取有用的特征;网络计量法则是利用搜索引擎、数学统计等技术建立数学模型来实现对信息的描述与分析,下面对这两种方法进行具体阐述。

1. 网络内容分析法

内容分析法的概念和分析流程最早由美国传播学家贝雷尔森[14]在20世纪50年代提出,之后Almind等[15]在此基础上进行完善。随着互联网的诞生,网络内容分析法可用于对社交媒体大数据进行定量分析,并从中提取出有用的特征。由于网络信息资源逐渐复杂化、具象化,学术界对内容分析法进行了一系列划分[16],主要分类如下:

(1) 按要素分类:分为词频分析、网页分析、网站分析、网格结构单元分析。

(2) 按表现形式分类:分为文本分析、声音分析、图像分析、视频分析。

(3) 按活动对象分类:分为信息发布者分析、信息传播者分析、信息使用者分析。

在定义了网络内容分析法的类别后,董坚峰[23]对网络内容分析法的大致流程进行了总结和归纳,如图3-1所示。

网络内容分析法已经成为当前应用相对广泛的一种分析手段,其优势主要表现为能够深入挖掘、全面获取社交媒体文本信息,现已在挖掘隐秘信息、促进信息快速传播、预测情感趋势等方面表现出强大优势[17]。

2. 网络计量法

网络计量法从图书情报领域中的文献计量学衍生而来,是一种可以用来针对社交媒体平台的信息计量方法,通过搜索引擎、数学统计等技术构建算法模型来实现对社交媒体大数据的描述与分析[18]。根据分析对象的不同,可将网络计量法分为以下四类:

(1) 社交网络媒体信息的计量分析:计量社交网站上的多媒体或超媒体信息。

(2) 社交网络站点结构的计量分析:对社交网络内部的拓扑结构和网页之间的链接进行分析。

(3) 社交网络影响因子的计量分析:通过链接分析法对社交网站影响力进行判断。

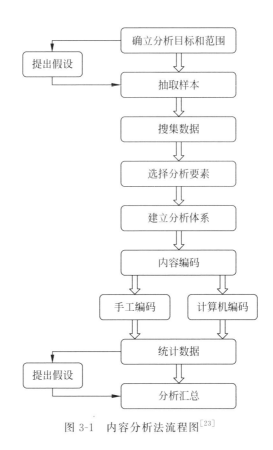

图 3-1　内容分析法流程图[23]

（4）社交网络舆情信息的计量分析：对相关的新闻、贴吧等信息发布的社交媒体平台进行全面的研究。

其中，链接分析法[19]在社交媒体大数据情感分析领域应用最为广泛。

3.1.3　社交媒体大数据情感分析智能方法

1. Web 挖掘

Web 挖掘概念最早由 Etzioni 于 1996 年提出[20]，是指从互联网上获取特定范围的内容，对其进行挖掘提炼潜藏的信息知识的过程[21]。根据挖掘对象的不同，可将其分为以下三类：

（1）Web 内容挖掘：是指从大量的 Web 文档中进行集合、聚类、关联分析，提取相关知识和关联语义。

（2）Web 使用挖掘：是指通过挖掘使用数据或者访问日志来提取浏览者的行为模式，获取有价值信息的过程。

（3）Web 结构挖掘：是指从 Web 页面的组织结构和超链结构中挖掘提取出隐藏的有价值的信息。

其中,Web 内容挖掘方法在社交网络情感分析中极为关键,其一般流程如图 3-2 所示。

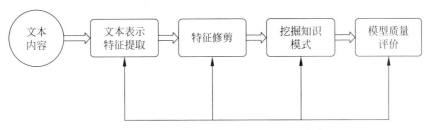

图 3-2　Web 文本内容挖掘一般流程图[23]

Web 挖掘的大致流程分为以下四个步骤:

(1) 数据采集。Web 挖掘数据源涵盖了网页、BBS、博客、网络链接结构信息、网站日志数据等各类信息。

(2) 数据预处理。把收集到的数据转变为易于挖掘的形式,主要包含数据清洗与集成等环节。

(3) 模式挖掘。通过机器学习技术进行模式发现,有关联规则分析、聚类分析、序列模式分析等技术。

(4) 模式评估。对挖掘得出的所有模式进行分析、评价、解释,保留有价值的模式,并对其进行直观表示[22]。

2. 语义分析

语义分析主要通过智能技术对社交媒体的自然文本(包括词、词组、句子、段落、篇章)进行分析和解释。在社交媒体文本数据的情感分析中,语义分析通过加强文本上下文语义特征的提取和语义相似度计算来提高情感分析的精度[23]。根据分析对象的不同,语义分析方法可分为以下三种:

(1) 基于规则的语义分析:以语句为分析对象,依据句法规则来分析。

(2) 基于本体的语义分析:以文本为分析对象,依靠数据库、机器学习算法作为技术支持。

(3) 基于潜在语义的语义分析:以文本为分析对象,根据统计学和矩阵运算进行语义结构分析。

总体而言,基于规则的语义分析方法需要事先构造复杂多样且合理有效的句法规则,无法通过计算机来实现,自动化程度低,不适用于当前拥有海量数据规模的社交媒体情感分析;基于本体的语义分析方法需要构建一个领域本体库,工作量巨大,实现困难;基于潜在语义的语义分析方法是目前最适合社交媒体舆情分析的方法,其技术可以通过计算机实现,目前已在社交媒体大数据情感分析、智能检索等方面得到广泛运用[24]。

3.2 社交媒体大数据智能情感分析关键技术

在3.1节中,我们提到了语义分析技术是常用的社交媒体大数据的智能情感分析方法,本节将会对语义分析技术在自然语言文本中的关键技术点进行阐述,主要包括信息抽取技术、情感分类分析技术、谣言检测技术、话题识别技术和热点发现技术等。

3.2.1 信息抽取技术

信息抽取技术是从社交媒体文本中抽取特定的事件或者事实信息,将非结构化的数据进行结构化,自动地对海量数据进行分类、提取和重构的一种技术。信息抽取技术中的信息通常包括三类:实体、关系、事件,因此信息抽取主要包括三个任务:命名实体识别(named entity recognition,NER)、关系抽取(relation extraction,RE)、事件抽取(event extraction,EE)。本节主要针对命名实体识别和关系抽取技术进行简要的叙述。

1. 命名实体识别

命名实体识别(NER)是自然语言处理的基础任务之一,主要对文本中具有特定意义的实体进行识别,学术上通常包括实体类、时间类、数字类三大类和人名、地名、组织机构名、时间、日期、货币、百分比七小类。命名实体识别方法通常可分为规则和实体词典方法、传统机器学习方法、深度学习方法。

1) 规则和实体词典方法

规则和实体词典方法常用于初期的命名实体识别阶段,高度依赖于专业领域的人工知识来构建规则和实体词典。其中,规则的设计一般基于句法、语法、词汇的模式,实体词典则是由特征词和外部词典共同组成,得到规则和实体词典后,采用文本匹配的方式对社交媒体文本中的词进行实体识别[25]。

虽然规则和实体词典的方法具有较高精度,但其召回率较低,且不具备泛化能力,无法迁移到其他领域,因此该方法通常用于项目初期冷启动和训练集预标注。

2) 传统机器学习方法

由于规则和实体词典方法存在低召回和无泛化的缺点,学者们常将传统的机器学习方法应用于命名实体识别中。具体地,将命名实体识别作为序列标注任务或 Token 级别的多分类任务进行处理。两种任务的区别在于:序列标注任务中预测的标签不仅与当前的输入有关,还和历史的预测标签有关,标签间具有较强的依赖关系;Token 级别的多分类任务中对每个 Token 进行多分类识别,识别出的类别便是实体的标签。

传统机器学习方法主要包括:

(1) 隐马尔可夫模型(hidden Markov model,HMM)[26]:本方法对转移概率

和发射概率直接建模,统计共现概率。本方法适用于实时性要求高的命名实体识别场景。

(2)最大熵(maximum entropy,ME)[27]:该方法结构紧凑,具有较好的通用性,但是其训练的时间复杂度高,计算量巨大,实际应用比较困难。

(3)最大熵马尔可夫模型(maximum entropy markov model,MEMM)[28]:该方法对转移概率和表现概率建立联合概率,统计条件概率,但由于只在局部进行归一化处理,容易陷入局部最优。

(4)条件随机场(conditional random fields,CRF)[29]:该方法可以有效地利用上下文标签信息,在归一化时考虑数据在全局的分布,而不是仅仅在局部进行归一化,因此解决了最大熵马尔可夫模型中标记偏置的问题。但其存在训练时间长、收敛慢的缺点。

(5)决策树模型(decision tree,DT)[30]:决策树方法属于 Token 级的多分类任务,首先根据词和词的上下文词构建词汇特征和词性特征等特征,然后逐词利用相关特征进行多分类,得到实体标签。决策树模型的优势在于其具有较强的可解释性。

(6)支持向量机(support vector machine,SVM)[31]:基于 SVM 的实体识别方法和基于决策树方法类似,都是先构建特征然后逐词进行多分类预测,不同点在于使用的分类算法是 SVM 而不是决策树,SVM 在小样本和模型泛化/非线性等方面具有优势。

3)深度学习方法

虽然传统机器学习方法在准确率和泛化性方面有了较大的提升,但是需要人工构建特征,无法自动地学习文本中的特征,因此基于深度学习的命名实体识别方法开始占据了主导地位。与传统机器学习方法相比,深度学习方法能够自动发现隐藏的特征,避免了大量的人工特征构建;同时,通过梯度传播训练可以构建复杂的端到端网络的优势。下面列举几个基于深度学习的命名实体识别方法。

(1)BiLSTM_CRF 模型

BiLSTM_CRF 模型是 Huang 在 2015 年[32]提出的基于深度学习模型的命名实体识别方法。它是在 BiLSTM 模型上叠加了一层 CRF 层,通过底层的 BiLSTM 模型自动发现和捕获深层次的语义特征,再通过 CRF 层学习标签间的信息转换特征。目前该模型是基于深度学习的命名实体识别中的一种比较好的基准(baseline)模型,其模型结构如图 3-3 所示。

如图 3-3 所示,BiLSTM_CRF 模型首先通过双向的 LSTM 模型来学习词的上下文信息,然后将每个词的编码信息作为 CRF 层的输入,同时在 CRF 层中训练标签转移矩阵来纠正和保证序列的合理性。

使用 CRF 层的原因在于直接使用 BiLSTM 模型的输出进行预测时,当前的预测输出没有考虑上一时刻的预测输出,即 BiLSTM 模型无法对标签的转移关系进

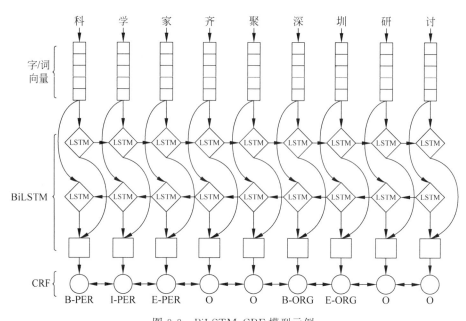

图 3-3　BiLSTM_CRF 模型示例

行建模,而标签转移矩阵对于实体命名识别任务而言比较重要,因此需要加入 CRF 层来进行标签关系的建模。

（2）Lattice_LSTM 模型

虽然 BiLSTM_CRF 模型可以获取复杂的上下文信息和标签转移信息,但是该模型忽略了词汇信息。在实体命名识别中词汇信息具有比较重要作用,比如对于实体边界的划分。因此,zhang[33] 在 2018 年提出了一种基于词汇增强的模型 Lattice_LSTM,该模型与基于字符的方法相比,能显性地利用词信息和词边界信息；与基于词的方法相比,能完整地嵌入词语信息来避免分词错误。其模型结构如图 3-4 所示。

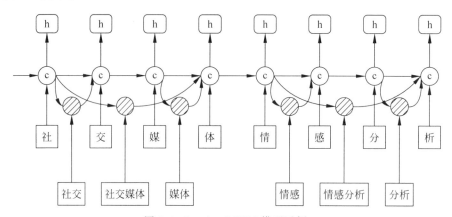

图 3-4　Lattice_LSTM 模型示例

具体地,通过词汇信息(词典)匹配句子时,可以获得一个类似 Lattice 的结构,随后 Lattice_LSTM 模型引入了一个门控循环单元,对于当前的字符,融合以该字符结束的所有词汇信息。

Lattice_LSTM 模型首次引入了词汇信息,有效提升了实体命名识别的准确性,但其也存在一些缺点:①不能并行化处理;②信息存在损失,字符只能获取以该字符结尾的词汇信息;③可迁移性差,只适用于 LSTM 模型,不能迁移到其他网络。

(3) LR-CNN 模型

由于 Lattice_LSTM 模型采用循环神经网络结构(RNN),不能并行化处理,同时单向的 LSTM 结构只能获取前一步信息而不是全局信息,无法有效处理词汇冲突的问题,因此 Gui[34] 在 2019 年提出了 LR-CNN(lexicon rethinking CNN)模型,通过获取全局信息来解决词汇冲突问题,其模型结构如图 3-5 所示。

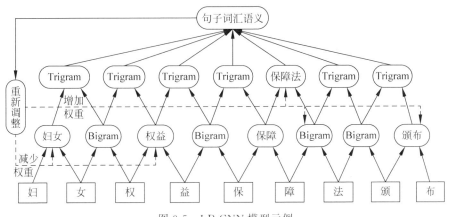

图 3-5　LR-CNN 模型示例

LR-CNN 模型的主要思想是采取了基于词汇信息的卷积神经网络和词汇信息-反思机制两种机制,前者采取不同大小感受野(receptive field)的卷积神经网络(CNN)模型对字符特征进行编码,堆叠多层获得多元字符信息,同时采取注意力机制融入词汇信息;后者采取反思机制增加反馈层来调整词汇信息的权值;最后将输出的编码向量输入到 CRF 中解码。

(4) FLAT 模型

虽然 LR-CNN 模型可以动态地引入词汇信息,有效地避免由于分词错误带来的级联错误,然而 CNN 模型存在一些天然缺陷,例如不能并行化、无法捕获长距离信息等,因此 Li 在 2020 年提出了 FLAT(flat-lattice Transformer)模型[35],使用 Transformer 模型来捕获词汇信息,并且优化相对位置编码使得 Transformer 模型适应实体命名识别任务。FLAT 的模型结构如图 3-6 所示。

如图 3-6 所示,FLAT 主要在 Transformer 模型的相对位置编码上进行改进,在 FLAT 中每两个 span(包括字符和词)的相对关系有三种:相交(intersection)、

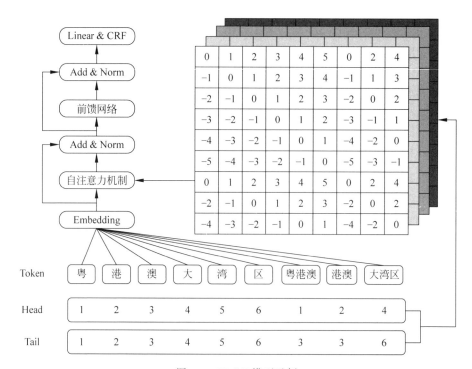

图 3-6　FLAT 模型示例

包含(inclusion)、互斥(separation)。此模型使用两个 span 的起始位置和结束位置相互的减法操作来获取四种相对位置,并得到相对位置编码向量,最后在Attention 计算时引入相对位置编码向量。

FLAT 可以直接实现字符和词之间的交互,并且不存在长距离依赖的问题,同时实验表明新的相对位置编码有利于定位实体的边界,引入词汇向量有利于实体类型的分类。

2. 关系抽取

关系抽取是指从文本中识别两个或者多个实体间存在的事实上的关系,因此关系抽取是在实体识别基础上进行的级联计算,其本质上是一个多分类问题,即判别两个实体间的关系类别,本节主要对基于深度学习的关系抽取模型进行简单的介绍。

在深度学习方法中,按照模型结构可以把实体关系抽取分为 pipeline 方法和joint 方法(联合学习方法)。

1) pipeline 方法

pipeline 方法的主要思想是:首先从文本中抽取全部的实体对,然后针对全部可能的实体对依次判断实体间的关系类别。本节主要介绍基于 CNN 和 LSTM 的pipeline 方式。

（1）基于 CNN 的 pipeline 模型

Zeng[36]在 2014 年提出将 CNN 用于关系抽取任务中，由于关系抽取模型性能的高低取决于特征提取的效果，因此通过 CNN 代替特征工程，自动提取词汇级别特征和句子级别特征，并把两者特征串联作为最终的特征，其结构如图 3-7 所示。

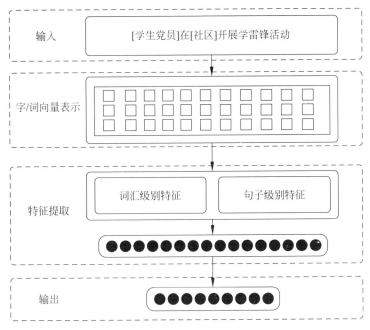

图 3-7　基于 CNN 的 pipeline 模型示例

如图 3-7 所示，该模型具有三层结构：字/词向量表示层、特征提取层、输出层。模型的输入是具有两个标记实体的句子，其主要思想是对输入句子进行多分类来判断实体间的关系类型，具体内容如下：

首先，输入句子会经过一个词表示，将词通过词嵌入矩阵转化为词向量。

其次，将词向量经过特征提取层，获取词汇级别和句子级别的特征，并将两个层次的特征直接串联作为最终的特征向量。

最后，将最终的特征向量经过 SoftMax 分类器进行多分类。

（2）基于 LSTM 的 pipeline 模型

基于 CNN 的 pipeline 模型是通过将 CNN 作为编码器获取全局特征的，但忽略了词语间的关系特征，例如依存句法信息，因此 Xu[37]提出了 SDP-LSTM 模型。SDP（the shortest dependency path）是最短依存距离，是指在句法依存树中，两个实体到公共祖先节点的最短距离，利用 SDP 信息可以使得模型更加关注相关信息，从而提升模型效果，其结构如图 3-8 所示。

如图 3-8（a）所示，SDP-LSTM 模型以 SDP 为基础，构建了含有 4 个 LSTM 编

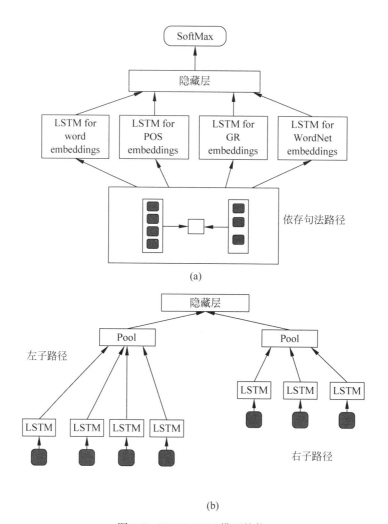

图 3-8　SDP-LSTM 模型结构

码器的编码层,分别利用了词信息、词性信息、依存句法关系、WordNet 上位词信息,将 4 个编码的结果拼接输入 SoftMax 层中进行分类。

图 3-8(b)是其中一个 LSTM 编码器的详细结构,首先使用依存句法工具得到句子的 SDP 结构,然后通过句子的 SDP 分别构建两个节点到公共祖先的路径,两条路径分别作为一个 LSTM 的序列进行编码,并将所有隐含层的向量进行池化操作得到单条路径的输出,最后链接两个路径的输出作为一个 LSTM 编码器的输出。

然而,基于 CNN 和 LSTM 的 pipeline 模型都存在以下几个问题:

① 错误传播:由于 pipeline 是在实体识别基础上进行操作的,因此实体识别模型的分类错误会影响关系分类的性能。

② 忽略任务间关系:实体识别任务和信息抽取任务存在一定关系,但是

pipeline 忽略了两者间关系,丢失信息,影响关系抽取的效果。

③ 信息冗余:pipeline 是对实体识别的结果进行两两配对,然后进行关系分类,因此没有关系的实体对会带来冗余信息,提升错误率。

2) Joint 方法

相较于 pipeline 方法,Joint(联合学习)方法能够利用实体和关系的交互信息,同时抽取实体并进行实体间关系分类,能够很好地解决 pipeline 方法存在的问题。

联合学习方法通过对实体命名识别和关系分类进行联合建模,得到存在关系的实体三元组。由于在联合学习方法中建模方式存在不同,因此可分为参数共享方法和序列标注方法,其中参数共享方法分别对实体和关系进行建模,序列标注方法是直接对实体-关系-实体三元组进行建模。

(1) 基于参数共享的实体抽取方法

Miwa 在 2016 年[38] 提出了联合实体识别和关系分类的参数共享关系抽取模型,该模型具有两个 LSTM-RNN 结构,一个是基于词序列的实体识别模型;另一个是基于依存句法树的关系抽取模型,实体识别模型的输出层和隐藏层作为关系抽取模型的部分输入来实现联合训练,其结构如图 3-9 所示。

在模型中,实体识别任务和信息抽取任务共享了 BiLSTM 的编码层,均在 BiLSTM 的输出向量上进行下一步操作,在实体识别中,BiLSTM 输出具有依赖关系的实体标签,之后将标签信息输入到根据 SDP 构建的依存树中,最后通过双向树结构 LSTM 编码器(Bi-TreeLSTM)对依存树进行编码和实体关系分类,从而得到实体关系三元组。

(2) 基于序列标注的联合模型

虽然基于参数共享的方法相较于 pipeline 方法在错误累计和忽略任务关系两个方面有所改善,但是在训练时实体识别任务和关系分类任务并没有完全共享参数,因此仍然会存在一定的实体冗余情况。

为解决上述问题,Zheng 在 2017 年[39] 提出了一种新的标签类型,将实体识别和关系分类转化为序列标注问题,然后通过端到端模型来对实体和关系进行联合抽取。标注方式如图 3-10 所示。

由图 3-10 可知,该标注方式包含三种标注信息:

① 实体中词的位置:{B,I,E,S,O}分别代表{实体开始、实体内部、实体结束、单个实体、无关词};

② 实体关系类型信息:关系类型是一个多分类,可以有多个类别,如{CF、CP};

③ 实体角色信息{1,2},分别表示第一个和第二个实体。

根据上述方式对句子进行标注后,使用如图 3-11 所示的端到端模型进行编码。

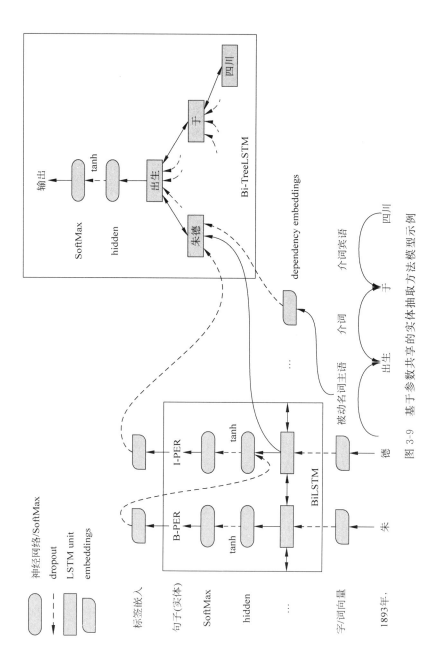

图 3-9 基于参数共享的实体抽取方法模型示例

该模型主要由两部分组成：BiLSTM 编码层和 LSTM 解码层。首先将句子输入 BiLSTM 编码层中捕获每个单词的语义信息；然后使用 LSTM 解码层生成标签序列,最终模型的输出是实体关系三元组的标签预测。

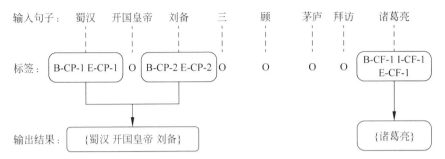

图 3-10　基于序列标注的实体抽取示例

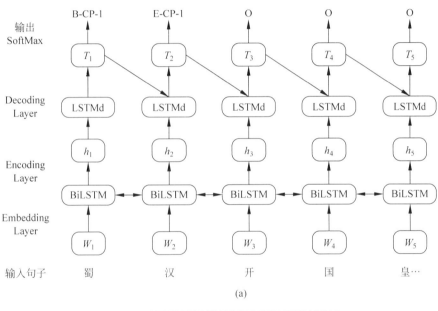

(a)

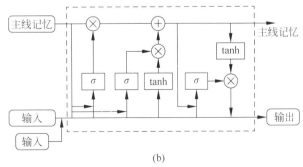

(b)

图 3-11　端到端的联合模型结构

（a）端到端模型；（b）BiLSTM 模块；（c）LSTMd 模块

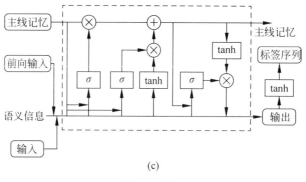

(c)

图 3-11(续)

3.2.2　情感分析技术

3.2.1 节对社交媒体大数据中的信息抽取技术进行了回顾,本节主要对情感分析技术进行梳理。信息抽取技术是针对 Token 级别的序列类别进行预测的技术,而情感分析技术主要是对社交媒体文本语义信息进行情感分类的技术。在社交媒体大数据情感分析中,由于社交媒体文本具有长度短、表达不规范、数据量大等特点,因此在进行情感分析时存在样本特征表达稀疏、计算复杂、人工特征构建困难等问题,导致传统机器学习方法不能获取理想的分类结果[40],因此通常使用深度学习方法进行情感分析。下面介绍五种基于深度学习的文本情感分析技术。

1. BiLSTM 模型

双向长短时记忆神经网络(bi-directional long short-term memory,BiLSTM)模型是由前向 LSTM 和后向 LSTM 两个编码器组成的。"双向"顾名思义,就是在前后两个方向进行建模,每个词既可以获取该词前面词的语义信息也可以获取该词后面词的语义信息,其模型结构如图 3-12 所示。

由图 3-12 可知,通过对输入句子进行前向 LSTM 和后向 LSTM 建模,并将两个 LSTM 的结果拼接,可以得到具有全局性的文本特征。该模型充分考虑了上下文语义信息,能很好地完成情感分类任务[41]。

2. TextCNN 模型

文本卷积神经网络(convolutional neural networks,TextCNN)是一个经典的文本分类模型,通过采用不同大小的卷积核对输入文本向量进行卷积和池化操作,捕获文本序列的局部特征进行组合和筛选,抽取不同抽象层次的文本语义信息,从而得到文本高层特征向量表示[42]。

如图 3-13 所示,TextCNN 主要由输入层、卷积层、池化层和输出层 4 部分组成。对于输入长度为 n 的中文文本,卷积层通过采用多个不同大小的卷积核对文本输入向量进行卷积操作,然后经过池化层进行最大池化或平均池化等操作得到

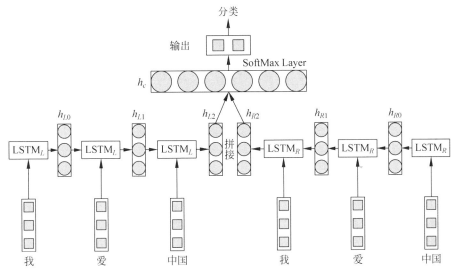

图 3-12　BiLSTM 模型示例

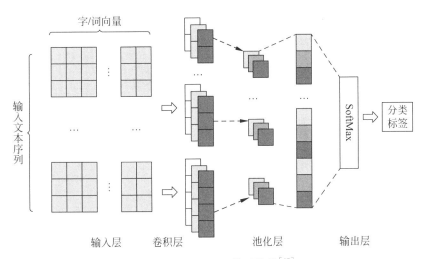

图 3-13　TextCNN 模型结构[43]

多个特征图,再融合特征得到最终的文本特征向量,最后使用全连接神经网络构建分类层完成多分类的情感分析任务[43]。

3. Transformer 模型

BiLSTM 模型无法解决长距离依赖和并行化处理等问题,而 TextCNN 模型对于全局信息捕获能力不强。为了解决上述问题,2017 年 Ashish Vaswani 等提出了 Transformer 模型[44],模型使用注意力机制(attention)代替了 LSTM,抛弃了传统的含有编码器的模型必须结合 CNN 或者 RNN 的固有模式,在减少计算量和提高并行效率的同时取得了更好的结果。其模型结构如图 3-14 所示。

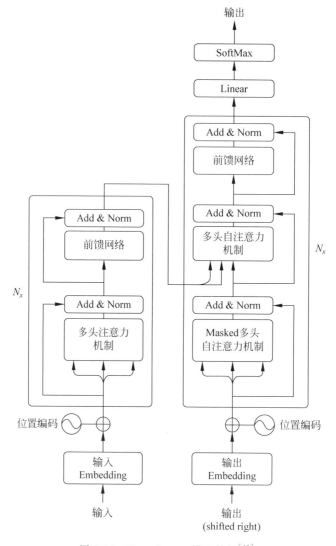

图 3-14　Transformer 模型结构[41]

如图 3-14 所示,Transformer 模型的结构主要由编码器(encoder)结构和解码器(decoder)结构构成。编码器(encoder)将输入向量进行编码得到更为抽象的语义表示,解码器(decoder)则是通过编码器层的输出和解码器结构中之前的 token 的输出来进行下一个 token 的预测,逐步生成解码序列。在文本情感分析中,使用编码器结构对文本进行编码得到输出向量并进行情感分类,其相对于 CNN 和 LSTM 而言,能够并行化处理并解决长期依赖问题,从而提升模型全局信息的获取能力。下面简单介绍一下 Transformer 模型的各组成部分。

(1) 编码器(encoder):在 Transformer 模型中,编码器由 6 个完全相同的层组成。其中每一层都有两个子层,第一层使用多头自注意力机制(multi-head attention)。

第二层使用基于位置的全连接前馈(feed forward)神经网络,并在这两个子层中分别使用残差连接,然后进行层标准化[45]。

(2)解码器(decoder):解码器同样由 6 个相同层组成,但每层拥有 3 个模块,即解码器输入的掩码多头注意力(maksed multi-head attention)模块、解码器编码向量和编码器输出向量间的多头注意力(multi-head attention)模块以及前馈网络(feed forward)模块。同编码器类似,解码器对所有子层分别使用残差连接,然后进行层标准化。另外,还对解码器中自注意子层进行修改,以防止当前位置的后续信息影响到自注意机制。

由于 Transformer 模型中没有使用循环或卷积神经网络,为了让模型能够理解词语序列中的位置关系,需要在模型中加入关于词语序列位置的相关信息。因此,Transformer 模型在编码器(encoder)和解码器(decoder)输入的词向量中加入位置编码(positional encoding)。

Transformer 模型采用了自注意力机制,通过分析注意力分布提高了算法的可解释性,从而可以更好地反映出文本的语义和结构特点[46]。

4. BERT/Albert 模型

BERT 模型是一种基于 Transformer 编码器表示的预训练语言模型,2018 年由谷歌 AI 研究院提出[47],BERT 的编码器结构和 Transformer 的编码器结构一致,只是加大了模型层数和参数,增强了模型容量,使其能在海量数据上进行预训练时有更好的学习和泛化能力。其模型结构如图 3-15 所示。

图 3-15 为 BERT 模型进行文本分析任务的逻辑架构。从图中不难看出BERT 模型就是 Transformer 中编码器的堆叠,一般来说有 12 层编码器。

而 Albert 模型则是在 BERT 模型基础上开发的轻量化网络模型[48]。与BERT 模型相同,它使用的也是 Transformer 模型中的编码器部分[49]。在此基础上,Albert 模型通过采用嵌入层参数因式分解、跨层参数共享、句子顺序预测(sentence-order prediction)训练任务和增加 dropout 层等方案,使得 Albert 模型拥有与 BERT 模型同等的算法性能,且模型参数量大幅度减少。在进行文本分析任务时,可以直接使用 BERT 模型输出进行微调训练,也可以在 BERT 上叠加其他编码器(如 LSTM/CNN)后进行训练。

5. 样本不均衡

在社交媒体大数据情感分析任务中,情感标签的数量分布情况往往很不均衡,按照样本出现的频率将不同类别从高到低进行排序会发现样本呈现长尾效应,即大部分类别的数据量较少。

在分类问题中,样本不均衡的情况会导致模型在少数类样本泛化能力差,模型的学习能力主要集中在对多数类样本上的学习。为了避免这种现象的发生,可以采用以下几种常用的样本不均衡处理方法。

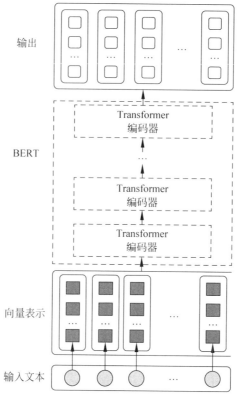

图 3-15　BERT 模型示例

（1）重采样

重采样是最简单的一种处理样本不均衡的方法，分为过采样[50]和欠采样[51]。过采样是从少数类样本集中随机重复抽取样本；欠采样则是从多数类样本中随机选取较少的样本。

重采样技术存在一定的缺点。对于过采样而言，容易拟合到少数类样本，无法学习到更加泛化的特征，使得模型在非常不均衡数据上表现更差；欠采样则会对多数类别造成严重的信息损失，导致模型欠拟合。

（2）数据合成

该方法主要是在过采样中根据策略合成新的样本，而不是简单地复制样本。例如，SMOTE[52]算法采取了如下步骤来生成新样本：

对少数类样本集中的每个样本 x，首先寻找距离 x 最近的 k 个同类样本集 $\{x_1, x_2, \cdots, x_k\}$，然后在 $\{x_1, x_2, \cdots, x_k\}$ 中随机选择一个样本得到目标样本 $\bar{x}$，最后在样本对 $\{x, \bar{x}\}$ 连线上按照权重 λ 合成一个新样本 $\bar{x} = \lambda x + (1-\lambda)\bar{x}$。

（3）重加权

重加权的思路是对不同的类别甚至不同的样本分配不同的权重。例如，在

focal loss 函数[53]中针对难易样本和不均衡样本提出如式(3-1)所示的重加权的交叉熵损失函数：

$$L_{fl} = -\left(y\alpha(1-\hat{p})^r \log(\hat{p}) + (1-y)(1-\alpha)\hat{p}^r \log(1-\hat{p})\right) \qquad (3-1)$$

其中，$\hat{p}$ 是模型的预测概率；y 是真实标签；α,γ 分别是协调样本不均衡和难易样本的权重系数。

（4）特征解耦

Zhou[54]指出，在传统的深度学习中，由于样本不均衡的影响，特征学习和分类器学习的效果都会受到不同程度的干扰，因此，Zhou 提出了一种双分支神经网络结构来同时兼顾特征学习和分类器学习，其结构如图 3-16 所示。

特征解耦的核心思想是差分训练，通过将特征学习和分类器学习视为两个阶段，在特征学习阶段使用正常采样的样本分布，在分类器学习阶段采用平衡样本的分布，通过两段式训练来解决样本不均衡问题。

例如在上述的双分支神经网络模型中，上分支采样保持了均匀采样，即使用原始的数据分布来保证特征学习的效果，下分支采取样本量的逆采样数据分布，特点是高频样本具有较小的采样权重，以此减轻样本的不均衡影响。

3.2.3　谣言检测技术

社交媒体的快速互动性使得谣言可以在很短时间内以病毒裂变的形式进行传播。谣言的广泛传播可能会造成社会民众恐慌、危害公共安全等严重后果。目前，学术界和产业界比较常用的社交媒体谣言检测技术分为三大类：人工检查方法、传统的机器学习方法和深度学习方法[55]。下面对这三类方法进行简单的介绍。

1. 人工检查方法

当前，微博等主流社交媒体平台提供了人工检查的方法进行谣言检测，如图 3-17 所示。

人工检查的方法具有准确率高的特点，但也存在以下问题：

（1）检查人员需要对用户或平台上举报的信息进行逐一判断，这一过程费力且可能会延长鉴别时间；

（2）谣言检测的质量很大程度上取决于检查人员的知识背景和经验，因此需要很强的个人知识和经验，并且可能存在由主观因素导致的误判；

（3）社交媒体每天产生数以万计的数据，单靠人力无法对所有数据进行处理，可能导致重要的谣言信息被忽略。

2. 传统机器学习方法

传统机器学习方法主要通过训练谣言数据集中的有效特征来判断信息是否为谣言。图 3-18 为传统机器学习方法的谣言检测流程。

2011 年，Castillo 等[56]提出了基于消息和用户特征的谣言检测模型，Qazvinian

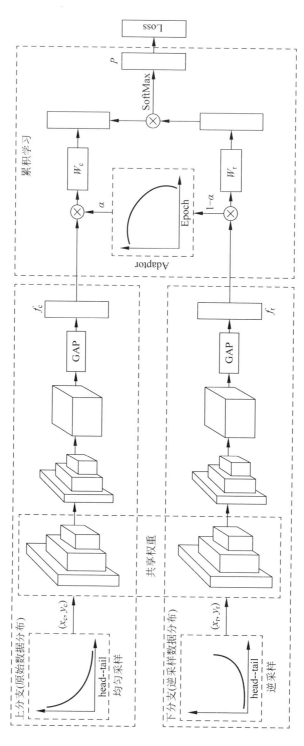

图 3-16 基于特征解耦和分类器的不均衡样本学习模型结构[54]

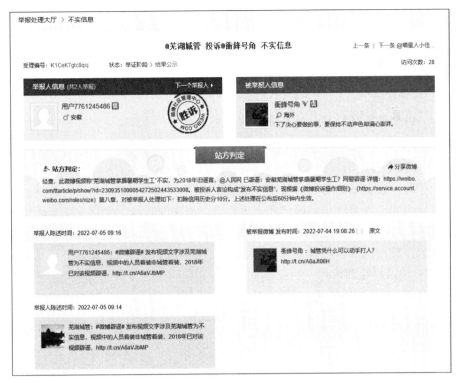

图 3-17　微博平台不实信息处理公布截图

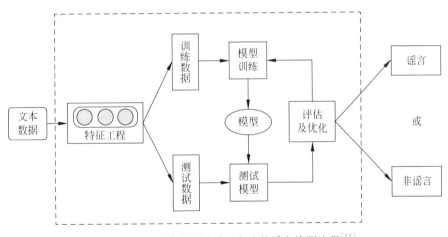

图 3-18　基于传统机器学习方法的谣言检测流程[55]

等[57]提出了基于内容、网络和 Twitter 特定因子特征的模型；之后，Yang 等[58]提出了基于客户和位置特征的谣言检测模型；Wu 等[59]提出了基于情感分析、转发时间等隐式特征的模型；Liang 等[60]提出了基于用户行为特征的谣言检测模型，并首次引入了质疑率这一指标。此外，Jin 等[61]首次引入子事件层概念，提出了一种分级模型。

在传统机器学习方法中,存在以下几个缺点:

(1) 难以获得高维度且复杂的特征数据。

(2) 使用一组通用特征集合在不同的社交网络平台上,以不同语言对所有信息进行表征。以这种方式训练的谣言分类器容易出现"过拟合"现象[62],模型准确度不高。

(3) 模型都是在研究人员自选的数据集上进行训练的,不一定能在其他数据集上体现出有效性。

3. 深度学习方法

由于传统机器学习方法对特征工程中特征提取的依赖性特别大,选择正确合适的特征向量会耗费大量的时间和人力物力。而深度学习方法具有强大的特征学习能力,使用深度学习方法能很好地呈现原始数据的本质特点。近年来,越来越多的研究人员使用深度学习技术来进行谣言自动检测。图 3-19 为基于循环神经网络(RNN)的谣言检测流程。

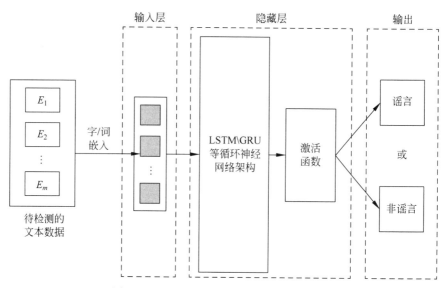

图 3-19 基于 RNN 的谣言检测模型示意图

2016 年,Ma 等[63]首次将循环神经网络引入到谣言检测技术。然而,在谣言爆发初期,无法获取足够的标记数据来训练模型,Chen 等[64]提出了结合循环神经网络和变分自编码器的无监督学习模型来进行谣言检测。后来,随着注意力机制在自然语言处理领域的广泛运用,Xu 等[65]提出了基于注意力机制的融合神经网络谣言检测模型。

基于深度学习的方法仍存在以下不足:

(1) 对数据的需求量大,当样本数据少时,会出现分类偏倚[66]问题;

(2) 模型训练时间长,训练出来的模型可解释性差。

3.2.4　话题识别技术

话题检测与跟踪(topic detection and tracking,TDT)是指从社交媒体文本大数据中发现新的话题,并通过模型找出与此话题相关的文本或者新的衍生话题的技术。TDT 主要研究舆情事件的发现和追踪技术,已成为信息检索领域的一个重要研究方向,其研究技术也越来越受到广大研究者的青睐。

从本质上看,TDT 等同于无监督的(系统无法预先知道该有多少话题簇、什么时候建立这些话题簇)聚类研究,但只允许有限地向前看。通常可看作是基于全局信息的聚类,即在整个数据集上进行聚类,但话题识别中用到的聚类是以增量方式进行的。这意味着,在作出最终的决策前,不能或只能向前面看有限数量的文本[67]。

话题识别通常分为两种:在线方式的新事件检测(new event detection,NED)和离线方式的回溯话题检测(retrospective event detection,RED)。本节主要介绍在线方式的新事件检测,其主要的技术是基于聚类的话题检测,首先对话题中的词或者特征项进行提取,然后将话题表征为向量空间形式,最后通过相似度技术,按照不同的聚类策略组合成话题[68]。

3.2.5　热点发现技术

热点发现技术是指能够快速发现社交媒体舆情热点,实时监测舆情事件发展态势,并快速对指定事件、突发新闻、重大情报等进行识别、定向追踪和预警提示的技术。

目前在微博中的热点发现已经是一个研究的热点,如周鹏[69]通过改进的密钥交换算法(key exchange algorithm,KEA)将微博文本向量化后进行关键词抽取,以实现对微博内容的聚合,得到微博舆情事件的关键词集。但是上述方法具有高维稀疏的缺点,因此马雯雯[70]提出基于语义分析与主题模型的微博热点发现方法[71]。

下面介绍热点发现的流程以及其中涉及的方法,主要包括文本预处理、文本向量化、话题热度评估等几个步骤。

(1)数据预处理:主要包括对微博文本进行清洗,如删除 URL、转发评论低的微博文本等操作,同时对清洗后的文本进行分词、去停用词、统计词频等操作;

(2)文本向量化:构建文本的空间向量模型,将微博文本转换为空间向量,涉及的技术有 one-hot 编码、TFIDF、Word2vec 等;

(3)话题聚类:将相似的微博文本聚合到同一个话题簇,需要使用微博文本向量计算文本间的相似度并采用聚类算法进行话题簇聚类,涉及技术有欧式聚类、余弦相似度计算、K-means 聚类等相似度计算和聚类算法;

(4)话题热度评估:通过聚类得到了微博话题簇,需要根据话题簇中微博的特征进行话题的热度评估,如话题簇的微博总量、转发总量、评论总量等多种维度综合确定话题簇热点,并对所有话题簇按热点进行排序。

3.3 社交媒体大数据智能情感分析理论基础

本节针对社交媒体大数据中情感分析相关技术的理论进行阐述,包括预训练、循环神经网络、卷积神经网络、注意力机制等相关技术。

3.3.1 预训练模型

1. Word2vec 模型

在社交媒体文本处理中,预处理后的文本通常需要将其中的词或者字转换为计算机能够理解的结构化形式,即将词进行向量化。Word2vec 有两种训练方式,分别为 CBOW(continuous bag-of-words)和 skip-gram[72]。

如图 3-20 所示,CBOW 的核心思想是根据当前词 $W(t)$ 的上下文词 $\{W(t-2)$,$W(t-1)$,$W(t+1)$,$W(t+2)\}$ 来预测当前词 $W(t)$ 出现的概率;skip-gram 的思想和 CBOW 相反,根据句子中的当前词来预测其上下文词。Word2vec 通常采用两种计算加速算法:分层 softmax(hierarchical softMax)和负采样(negative sampling)。

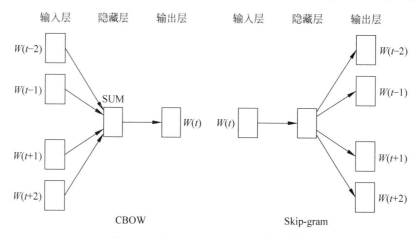

图 3-20 CBOW 和 Skip-gram 模型结构

2. ELMO 模型

Word2vec 模型训练得到的是静态词向量,当前词的表征不能根据上下文词进行动态变化,因此 Peters 在 2018 年提出了 EMLO(embedding from language models)预训练模型[73],该模型可以根据当前上下文对词向量进行动态调整,因此可以有效区分不同上下文语境下词的语义信息,其模型结构如图 3-21 所示。

如图 3-21 所示,EMLO 模型对句子 $\{t_1,t_2,\cdots,t_N\}$ 进行多层的正向和反向的

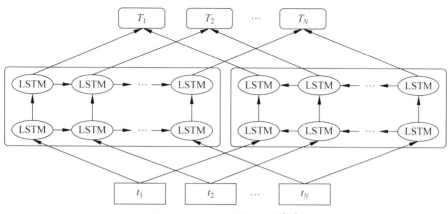

图 3-21 ELMO 模型机构[75]

LSTM 编码,由此捕获丰富的上下文关联信息以及低层次和高层次的语义信息,最终每个词的编码向量由当前的上下文词动态学习得到。

此外,ELMO 采用了典型的两阶段过程:第一个阶段是利用上述的语言模型进行预训练;第二个阶段是在做下游任务时,从预训练网络中提取对应单词的各网络层的特征向量作为新特征补充到下游任务中。

3. GPT 模型

虽然 EMLO 模型能够动态生成词向量,但是其编码器采用的 RNN 模型,特征抽取能力较弱;因此 Radford 在 2018 年[74]提出了一种生成式的预训练模型 GPT (generative pre-training),该预训练模型采取单向的 Transformer 语言模型来根据上文单词预测当前词,其模型结构如图 3-22 所示。

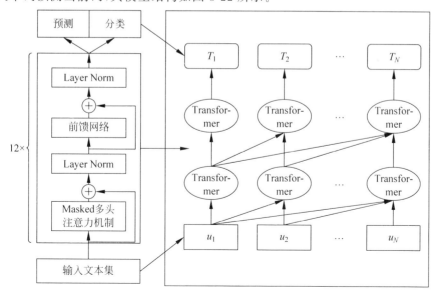

图 3-22 GPT 模型结构[74]

如图 3-22 所示，GPT 模型在无监督预训练阶段采用标准的单向语言模型，即给定无标签的词汇集 $U=(u_1,u_2,\cdots,u_N)$，根据当前词 u_i 的上文来预测当前词 u_i 出现的概率，模型训练优化就是最大化该似然概率。在结构上，GPT 模型采用 Transformer 模型的解码器结构作为主体，并增加了解码器结构的层数和维度，扩大了模型的容量。

4. BERT 模型

不同于 EMLO 模型的两个单向语言模型进行浅层拼接的方式和 GPT 模型的单向语言模型方式，Devlin 在 2018 年[75]提出了预训练模型 BERT（bidirectional encoder representation from Transformers），采用新的 MLM（masked language model）方式，能生成深度的双向语义表征。图 3-23 所示为 BERT 两阶段训练模式。

在预训练（pre-training）阶段中，BERT 模型采取 MLM 和 NSP（next sentence prediction）两个任务，MLM 任务的目的是训练双向特征，即随机掩膜（mask）句子中的部分 token，然后训练模型来预测被去掉的 token；NSP 任务的目的是捕捉两个句子间的联系，使模型具备理解长序列上下文的语义关联的能力，即给出两个句子 A 和 B，B 有 50% 的概率是 A 的下一句，训练模型来预测 B 是否为 A 的下一句。

在微调（fine-tuning）阶段中，BERT 模型需要根据不同的任务选择不同的模型输出，对于序列级（sequence-level）的分类任务，如文本分类、情感分析任务，一般获取第一个 token 的输出向量作为文本的句向量；对于语义匹配任务，将两个句子拼接作为模型输入，最后输出层使用第一个 token 的输出向量作为句子的匹配向量；对于序列标注任务，取最后一层 Transformer 的向量作为序列标注任务的输出向量；对于 QA 问答类任务，将问题（question）和回答（answer）拼接输入，然后取回答（answer）序列的最后一层输出向量作为模型的输出。

3.3.2　循环神经网络模型

循环神经网络（recurrent neural network，RNN）是一种特殊的神经网络[76]。其循环共享参数的机制使得该神经网络可以像人脑一样具有记忆功能，在参数量少的同时还能处理任意长度的序列，因而在文本序列分析任务中被广泛应用。

循环神经网络的运行过程是每次迭代会根据当前的输入和上一次迭代的记忆单元生成输出，并存入记忆单元，然后在之后的每次迭代都重复这一过程。

如图 3-24 所示，输入序列将隐藏层向量串行起来处理，并对之前的隐层状态信息进行保存，因此循环神经网络可以很容易处理变长序列输入[77]。

由于 RNN 的循环共享参数机制，所以其能对任意长度的序列建模。但是在实践中，由于其链式计算会产生梯度爆炸或消失现象，导致无法捕获长距离依赖信息[78]。

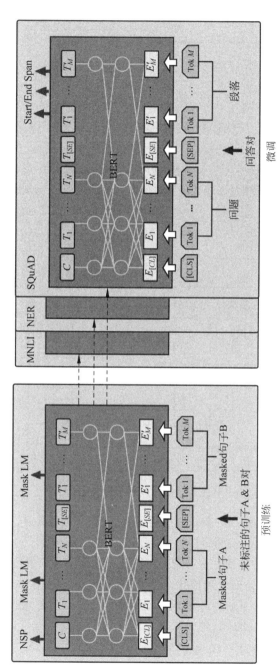

图 3-23 BERT 模型两阶段训练结构[75]

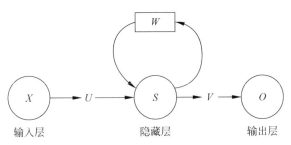

图 3-24　循环神经网络结构

针对循环神经网络这一缺陷,改进后的长短时记忆网络(LSTM)成了当前使用最广泛的循环神经网络变种之一[79]。它在 RNN 的基础上,引入门控机制来缓解 RNN 的梯度爆炸或消失问题。LSTM 主要包含三个门控结构和一个记忆单元,可以控制信息的传递和舍去,从而能更好地处理历史信息。图 3-25 所示为 LSTM 的结构。

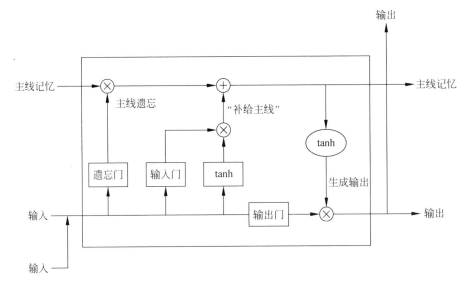

图 3-25　LSTM 的结构

LSTM 的结构比 RNN 复杂,它利用输入门(input gate)、遗忘门(forget gate)、输出门(output gate)三种门控机制来记忆和遗忘信息。

LSTM 在一定程度上解决了长期依赖问题,显著提高了传统循环神经网络的性能,使其成为自然语言处理领域应用最为广泛的模型之一,在 NLP 领域中的文本情感分析和阅读理解等下游任务中取得了不错的效果。但是它也存在一定的局限性:一方面时序性的结构使其很难具备高效的并行能力,另一方面模型总体上类似于一个马尔科夫决策过程,较难提取全局信息[80]。

3.3.3　卷积神经网络模型

卷积神经网络(convolutional neural networks,CNN)由人工智能领域学者

Lecun Yan 在 1998 年提出[81]。相比于 RNN,CNN 的模型训练效率更高,提取的层级特征理论上可以无限叠加,在对文本语义提取和相邻词间语义提取上效果很好。文本一般被表示为一个词序列,因此分析文本的卷积神经网络一般在一维上进行卷积,是图像领域常用的二维卷积的简化。进入 21 世纪以来,随着自然语言处理技术的崛起,学者们将 CNN 运用到自然语言处理任务,并在社交媒体文本分析领域获得巨大突破。

卷积神经网络主要由三种网络结构组成,分别是卷积层、池化层、全连接层,它的结构如图 3-26 所示。

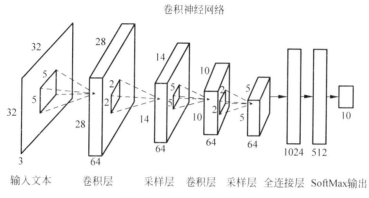

图 3-26 卷积神经网络结构

由图 3-26 可知,卷积神经网络是一个多层神经学习网络,卷积层和池化层交替连接。在这里,我们主要介绍基于卷积神经网络的文本分析应用,文本在深度学习中会被表示为一段词序列,在 CNN 上展开为一维卷积。

在卷积层中,输入数据被分割成多个特征面,多个卷积核也称为滤波器,逐步提取每一个特征然后合成输出,得到代表不同特征表示的特征图。在池化层中,对卷积层得到的特征图继续做特征选择和信息过滤,在减少数据规模和模型参数的同时保留重要信息[82]。池化操作通常在同一个卷积核提取的特征中进行,一般使用均值采样、最大值采样或随机采样。

经过多个卷积层和池化层后,卷积神经网络最后与全连接层相连,对结果进行预测分类。通常,全连接层会加入 dropout 技术,以一定概率将节点输出值清零,并不再更新该点参数,这样能有效避免过拟合现象[83]。并且,同一卷积层中卷积核的参数是共享的,一个卷积核无论在哪个位置进行卷积操作,卷积核矩阵中的值都是一样的。共享参数可以减少模型参数的数量,加快模型训练的速度[84]。

3.3.4 注意力机制

2014 年谷歌首次将注意力机制与深度学习融合[85],随着 2017 年 Transformer 结构的提出,丰富了注意力机制的种类,注意力机制开始被广泛应用于深度学习的各个领域,比如自然语言处理、图像识别和语音处理等。在文本情感分析中需要对上下文进行处理,使用自注意力机制可以充分地学习文本特征,发现重要特征忽略次要特征,从而捕获文本中的关键信息。

认知神经学中的注意力可以总体上分为两类:

(1)聚焦式(focus)注意力:自上而下的有意识的注意力,即主动注意。它是指有预定目的、依赖任务、主动有意识地聚焦于某一对象的注意力。

(2)显著性(saliency-based)注意力:自下而上的有意识的注意力,即被动注意。基于显著性的注意力是由外界刺激驱动的注意,不需要主动干预,也和任务无关。最大池化(max-pooling)和门控(gating)机制可以近似地看作是自下而上的基于显著性的注意力机制。

注意力机制的本质就是对源数据中某一元素的特征向量的权重进行加权求和[86],并将源(source)看成是一系列键(key)值(value)对的组合,如图 3-27 所示。

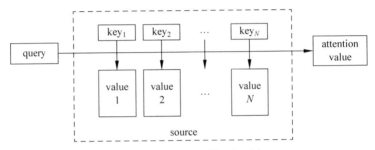

图 3-27　注意力机制逻辑示意

通过计算每个 Query 和各个键(key)的相似性、相关性,得到每个键(key)的对应值(value)的权重,然后进行加权求和,最后得到注意力值。注意力值越大则代表对应的信息越重要。具体计算实现方法是放缩点乘积(scaled dot-product attention)方法。

在深度学习模型中为了使模型学习到的特征信息更多、更精准,研究学者提出了多头注意力方法。简单来说就是将单次的注意力权重计算进行多次,且参数不重复,即将 $\langle Q, K, V \rangle$ 进行多次线性变换后计算的注意力结果拼接,再进行一次线性变换,最后得到的值为多头注意力结果[87]。

在文本处理领域,我们的语言存在一词多义的情况,普通的注意力机制发生在输出句子中某个单词和输入句子每个单词之间的相似度计算当中,而自注意力机制通过同一输入部分元素之间的相关性相似性比较和同一输出部分元素之间的相关性、相似性比较,使模型能更正确地识别出某一词汇的意思。

至今,Transformer 模型已成功地应用在不同的下游任务中,在 NLP 领域广受推崇。自注意力机制是一种“自下而上”的注意力机制。自注意力机制通常将数据或特征的内在关联性作为注意力权重,通过加权求和的方式,得到注意力的输出。自注意力机制利用全局范围的上下文信息,且擅于捕捉和利用数据内部关联性,可适用于不同模态数据之间的建模和交互。但是,自注意力模块的优化缺少对于任务目标的感知,且通常计算复杂度较高[88]。

关于多头自注意力机制在文本分析任务中的具体应用详见第 4 章。

3.4　本章小结

3.1 节分别介绍了社交媒体大数据情感分析的基础方法、常用方法和智能方法。通过从传统的基于社会学、统计学、情报学理论的方法到使用互联网和计算机技术来进行社交媒体大数据文本的挖掘与情感分析,可以发现随着大数据技术逐步运用到社交媒体情感分析任务中,社交媒体文本情感分析呈现出智能化的趋势。

3.2 节介绍了诸如命名实体识别、关系抽取、BiLSTM、热点发现等基于机器学习的智能情感分析关键技术。同时,在这些技术方法的介绍中加入了一些经典的模型示例,方便读者理解,为读者进行更深层次的探究提供了引导。

3.3 节介绍了基于深度学习的社交媒体大数据智能情感分析的理论基础,分别介绍了在进行社交媒体文本数据情感分析建模的预训练阶段的几个常用模型,包括卷积神经网络(CNN)、循环神经网络(RNN)以及注意力机制。

本章内容为第 4 章社交媒体大数据智能情感分析的建模和第 5 章社交媒体舆情事件的实例分析提供了技术理论支撑。

参考文献

[1]　MCPHERSON M,SMITH-LOVIN L,COOK J M. Birds of a feather:Homophily in social networks[J]. Annual Review of Sociology,2001,27(1):415-444.

[2]　FEI D Z. Stochastic model for emotion contagion in social networks security based on machine learning[J]. Safety Science,2019,118:757-762.

[3]　MARSDEN P V,FRIEDKIN N E. Network studies of social influence[J]. Sociological Methods &amp Research,1993,22(1):127-151.

[4]　张琦,张祖凡,甘臣权.融合社会关系的社交网络情感分析综述[J].计算机工程与科学,2021,43(1):180-190.

[5]　ZENG R V,ZHU D. A model and simulation of the emotional contagion ofnetizens in the process of rumor refutation[J]. Scientific Reports,2019,9(1):14164.

[6]　ZHANG X,SU Y,QU S Y,et al. IAD:Interaction-aware diffusion framework in social networks[J]. IEEE Transactions on Knowledge and Data Engineering,2018,31(7):1341-1354.

[7]　赵小永,赵政文.相关性计算在情感分析上的应用[J].微型电脑应用,2011,27(12):39-41,70.

[8]　王文博,赵昌昌,吴润,等.统计学—经济社会统计[M].西安:西安交通大学出版社.2005.

[9]　费宇.应用数理统计——基本概念与方法[M].北京:科学出版社.2007.

[10]　李玉贞,胡勇,熊熙,等.微博意见领袖的评估模型[J].信息安全与通信保密,2013(2):

79-81.

[11] 赵蓉英,王静.社会网络分析(SNA)研究热点与前沿的可视化分析[J].图书情报知识,2011(1)：88-94.

[12] 李冉,王佳英,单菁,等.突发事件微博网络舆情分析及可视化——以"武汉封城"为例[J].情报探索,2022(2)：67-72.

[13] 牟冬梅,邵琦,韩楠楠,等.微博舆情多维度社会属性分析与可视化研究——以某疫苗事件为例[J].图书情报工作,2020,64(3)：111-118.

[14] THOMAS O,WILLETT P. Webometric analysis of departments of librarianship and information science[J]. Journal of Information Science,2012,26(6)：421-428.

[15] ALMIND T C,INGWERSEN P. Informetric analyses on the world wide web：methodological approaches to "webometrics"[J]. Journal of Documentation,1997,53(4)：404-426.

[16] 石卉.基于网络内容分析法的舆情信息研究及应用[D].武汉：华中师范大学,2011.

[17] 陆青梅.基于语义分析的网络舆情研究[D].武汉：武汉大学,2019.

[18] 邱均平,张洋.网络信息计量学综述[J].高校图书馆工作,2005(1)：1-12.

[19] 邱均平.段宇锋.赵蓉英.网络信息计量学研究(Ⅱ)————网络链接分析方法的探讨[J].情报学报,2005,24(3)：286-293.

[20] ETZIONI O. The World Wide Web：Quagmire or Gold Mine[J]. Communications of the Acm,1997,39(11)：65-68.

[21] 张玉峰,何超.基于 Web 挖掘的网络舆情智能分析研究[J].情报理论与实践,2011,34(4)：64-68.

[22] 苟元琴.基于 Web 挖掘的网络舆情智能分析[J].信息通信,2015(12)：115-116.

[23] 董坚峰.面向公共危机预警的网络舆情分析研究[D].武汉：武汉大学,2013.

[24] 张文秀,陈伟,朱庆华.基于本体的语义分析过程与方法的研究应用[J].计算机应用研究,2011,28(3)：961-964.

[25] 孟迎.基于统计的机器学习的中文命名实体识别[D].昆明：昆明理工大学,2004.

[26] 俞鸿魁,张华平,刘群,等.基于层叠隐马尔可夫模型的中文命名实体识别[J].通信学报,2006,27(2)：8.

[27] 张玥杰,徐智婷,薛向阳.融合多特征的最大熵汉语命名实体识别模型[J].计算机研究与发展,2008,45(6)：7.

[28] 林亚平,刘云中,周顺先,等.基于最大熵的隐马尔可夫模型文本信息抽取[J].电子学报,2005,33(2)：236-240.

[29] 张朝胜,郭剑毅,线岩团,等.基于条件随机场的英文产品命名实体识别[J].计算机工程与科学,2010,32(6)：115-117.

[30] 帅训波,马书南.基于决策树的现代汉语中任职关系抽取研究[J].昆明理工大学学报(理工版),2009,34(4)：5.

[31] 万如.中文机构名识别的研究[D].大连：大连理工大学,2008.

[32] HUANG Z,XU W,YU K. Bidirectional LSTM-CRF models for sequence tagging[J]. arXiv：1508.01991,2015.

[33] ZHANG Y,YANG J. Chinese NER using lattice LSTM[J]. arXiv：1805.02023,2018.

[34] GUI T,MA R,ZHANG Q, et al. CNN-Based Chinese NER with Lexicon Rethinking. [EB/OL].[2022-06-07]. https://www.ijcai.org/Proceedings/2019/0692.pdf.

[35] LI X,YAN H,QIU X,et al. Flat:Chinese NER Using Flat-Lattice Transformer. [EB/OL]. [2022-07-08]. https://arxiv. org/pdf/2004. 11795. pdf.

[36] ZENG D J,LIU K,LAI S W,et al. Relation classification via convolutional deep neural network[C]//Proc of the 25th International Conference on Computational Linguistics COLING,2014:2335-2344.

[37] XU Y,MOU L,GE L,et al. Classifying Relations via Long Short Term Memory Networks along Shortest Dependency Path. [EB/OL]. [2022-06-25]. https://arxiv. org/abs/ 1508.03720.

[38] MIWA M,BANSAL M. End-to-End Relation Extraction using LSTMs on Sequences and Tree Structures. [EB/OL]. [2022-06-30]. https://arxiv. org/pdf/1601. 00770. pdf.

[39] SUN C Z,WANG F,BAO H Y,et al. Joint Extraction of Entities and Relations Based on a Novel Tagging Scheme[C]//In Proceedings of the 55th Annual Meeting of the Association for Computational Linguistics (Volume 1:Long Papers). Vancouver,Canada,Association for Computational Linguistics,2017: 1227-1236.

[40] 周锦峰,叶施仁,王晖.基于深度卷积神经网络模型的文本情感分类[J].计算机工程, 2019,45(3):300-308.

[41] 董红斌.基于 CNN 和 BiLSTM 网络特征融合的文本情感分析[J].计算机应用,2018,38 (11):3075-3080.

[42] KIM Y. Convolutional neural networks for sentence classification[EB/OL]. [2021-05-10]. https://arxiv. org /pdf/1408. 5882. pdf.

[43] 郑承宇,王新,王婷,等. 基于 ALBERT-TextCNN 模型的多标签医疗文本分类方法[J].山 东大学学报(理学版),2022,57(4): 21-29.

[44] VASWANI A,SHAZEER N,PARMAR N,et al. 2017. Attention is all you need[C]// Advances in Neural Information Processing Systems(NIPS),2017: 5998-6008.

[45] HE K,ZHANG X,REN S,et al. 2016. Deep residual learning for image recognition[C]// IEEE Conference on Computer Vision and Pattern Recognition(CVPR),2016: 770-778.

[46] 高望.面向短文本流的主题演化分析研究[D].武汉:武汉大学,2019.

[47] DEVLIN J,CHANG M W, LEE K, et al. BERT: pre-training of deep bidirectional transformers for language understanding[EB/OL]. [2019-09-16]. https://arxiv. org/abs/ 1810.04805.

[48] LAN Z Z,CHEN M D,GOODMAN S,et al. Albert: a little BERT for self-supervised learning of language representations [EB/OL]. [2021-05-10]. https://arxiv. org/pdf/ 1909. 11942. pdf.

[49] SUTSKEVER I. VINYALS O. LE Q V. Sequence to sequence learning with neural networks[C]//Advances in Neural Information Processing Systems (NIPS),2014: 3104-3112.

[50] POUYANFAR S,TAO Y,MOHAN A,et al. Dynamic Sampling in Convolutional Neural Networks for Imbalanced Data Classification [C]//The First IEEE International Conference on Multimedia Information Processing and Retrieval (IEEE MIPR 2018), IEEE,2018: 112-117.

[51] HE H ,GARCIA,E A. Learning from Imbalanced Data [J]. IEEE Transactions on Knowledge & Data Engineering,2009,21(9): 1263-1284.

[52] CHAWLA N V,BOWYER K W,HALL L O,et al. SMOTE：Synthetic Minority Over-sampling Technique[J]. 2011,16(1)：321-357.

[53] LIN T Y,GOYAL P,GIRSHICK R,et al. Focal Loss for Dense Object Detection[J]. IEEE Transactions on Pattern Analysis & Machine Intelligence,2017(99)：2999-3007.

[54] ZHOU B Y,CUI Q,WEI X S,et al. BBN：Bilateral-Branch Network with Cumulative Learning for Long-Tailed Visual Recognition[EB/OL]. [2022-07-22]. https://arxiv. org/pdf/1912. 02413. pdf.

[55] 高玉君,梁刚,蒋方婷,等. 社会网络谣言检测综述[J]. 电子学报,2020,48(7)：1421-1435.

[56] CASTILLO C,MENDOZA M,POBLETE B. Information credibility on twitter[C]//Proceedings of the 20th International Conference on World Wide Web(ACM),2011：675-684.

[57] QAZVINIAN V, ROSENGREN E, RADEV D,et al. Rumor has it：Identifying misinformation in microblogs[C]//Proceedings of the Conference on Empirical Methods in Natural Language Processing(ACM),2011：1589-1599.

[58] YANG F,LIU Y,YU X,et al. Automatic detection of rumor on Sina Weibo[C]//Proceedings of the ACM SIGKDD Workshop on Mining Data Semantics (ACM),2012：13.

[59] WU K,YANG S,ZHU K Q. False rumors detection on Sina Weibo by propagation structures[C]//IEEE 31st International Conference on Data Engineering,2015：651-662.

[60] LIANG G,YANG J,XU C. Automatic rumors identification on Sina Weibo[C]//The 12th International Conference on Natural Computation，Fuzzy Systems and Knowledge Discovery (ICNC-FSKD),2016：1523-1531.

[61] JIN Z,CAO J,JIANG Y,et al. News credibility evaluation on microblog with a hierarchical propagation model[C]//IEEE International Conference on Data Mining,2014：230-239.

[62] CHEN W,ZHANG Y,YEO C K,et al. Unsupervised rumor detection based on users' behaviors using neural networks[J]. Pattern Recognition Letters,2018,105：226-233.

[63] MA J,GAO W,MITRA P,et al. Detecting rumors from microblogs with recurrent neural networks [C]//Proceedings of the Twenty-Fifth International Joint Conference on Artificial Intelligence,2016：3818-3824.

[64] CHEN W,ZHANG Y,YEO C K,et al. Unsupervised rumor detection based on users' behaviors using neural networks[J]. Pattern Recognition Letters,2018,105：226-233.

[65] XU N,GUANDAN C,MAO W. MNRD：A merged neural model for rumor detection in social media [C]//The 2018 International Joint Conference on Neural Networks,2018：8489582.

[66] TOLOSI L,TAGAREV A,GEORGIEV G. An analysis of event-agnostic features for rumour classification in twitter[C]//Tenth International AAAI Conference on Web and Social Media,2016：151-158.

[67] 李保利,俞士汶. 话题识别与跟踪研究[J]. 计算机工程与应用,2003,039(17)：7-10,109.

[68] 郭成林. 网络热点发现与跟踪系统的研究与设计[D]. 成都：电子科技大学,2013.

[69] 周鹏,蔡淑琴,石双元,等. 基于关键词抽取的微博舆情事件内容聚合[J]. 情报杂志,2014,

33(1)：6.

[70] 马雯雯.基于隐含语义分析的微博热点话题发现策略[D].重庆：重庆大学，2013.

[71] 王振振，何明，杜永萍.基于 LDA 主题模型的文本相似度计算[J].计算机科学，2013，40(12)：4.

[72] MIKOLOV T，CHEN K，CORRADO G，et al. Efficient Estimation of Word Representations in Vector Space[EB/OL].[2022-08-01]. https://arxiv. org/pdf/1301. 3781. pdf.

[73] PETERS M，NEUMANN M，IYYER M，et al. Deep Contextualized Word Representations [EB/OL].[2022-08-08]. https://arxiv. org/pdf/1802. 05365. pdf.

[74] RADFORD A，NARASIMHAN K，SALIMANS T，et al. Improving Language Understanding by Generative Pre-Training[EB/OL].[2022-07-31]. https://s3-us-west-2. amazonaws. com/openai-assets/research-covers/language-unsupervised/language _ understanding _ paper. pdf.

[75] DEVLIN J，CHANG M W，LEE K，et al. BERT：pre-training of deep bidirectional transformers for language understanding[C]//Proceedings of the 2019 Conference of the North American Chapter of the Association for Computational Linguistics：Human Language Technologies. Stroudsburg，2019：4171-4186.

[76] RUMELHART D E，SMOLENSKY P，MCCLELLAND J L，et al. Sequential thought processes in PDP models[J]. Parallel distributed processing：explorations in the micro-structures of cognition，1986，2：3-57.

[77] 邓钰.面向短文本的情感分析关键技术研究[D].成都：电子科技大学，2021.

[78] BENGIO Y，SIMARD P，FRASCONI P. Learning long-term dependencies with gradient descent is difficult[J]. IEEE transactions on neural networks，1994，5(2)：157-166.

[79] Hochreiter S，Schmidhuber J. Long short-term memory[J]. Neural computation，1997，9(8)：1735-1780.

[80] 柯尊旺.网络舆情分析若干关键理论及应用研究[D].乌鲁木齐：新疆大学，2021.

[81] LE CUN Y，BOTTOU L，BENGIO Y，et al. Gradient-based learning applied to document recognition[J]. Proceedings of the IEEE，1998，86(11)：2278-2324.

[82] 程佳军.基于深度学习的对象级文本情感分析方法研究[D].长沙：国防科技大学，2018.

[83] 许峰.基于深度学习的网络舆情识别研究[D].北京：北京邮电大学，2019.

[84] 曾江峰.基于深度学习的文本情感计算研究[D].武汉：华中科技大学，2019.

[85] VOLODYMYR M，NICOLAS H，ALEX G，et al. Recurrent Models of Visual Attention [J]. CoRR，2014，3：1-12.

[86] KIM Y，DENTON C，HOANG L L，et al. Structured attention networks[EB/OL].[2022-07-23]. https://arxiv. org/pdf/1702. 00887. pdf.

[87] VASWANI A，SHAZEER N，PARMAR N，et al. Attention is all you need[C]//Advances in Neural Information Processing Systems，2017：5998-6008.

[88] 张直政.神经网络的注意力机制研究[D].合肥：中国科学技术大学，2021.

第4章

社交媒体大数据智能情感分析全流程建模

随着大数据时代的来临,利用社交媒体数据进行学术研究已成为学术界的一个新兴趋势。由于社交媒体数据大多以自由文本的形式呈现,因此,在进行社交媒体文本数据分析时也需要关注自然语言处理领域的方法技术及全流程建模步骤。在第3章中,我们详细介绍了社交媒体大数据情感分析的方法技术与理论基础。在此基础上,本章构建以主题分析模型、情感分析模型和情感预测模型为主体的社交媒体大数据智能情感分析全流程建模框架。

4.1 社交媒体大数据主题分析模型建构

主题建模(topic model)是概率模型的一种,可用于从社交媒体大规模文本和语料库中抽取抽象主题信息,其本质是一种快速的无监督机器学习算法,通过对社交媒体文本或语料库中词的分布规律的观察实现对相似分布规律词集的聚类,发现文本内隐含的主题及主题间的关联变化等。在基于社交媒体大数据的突发公共事件舆情分析领域,利用主题分析模型可以有效识别和抽取公众讨论的热点话题和情感主题,为4.2节社交媒体大数据智能情感分析模型构建提供模型基础。

4.1.1 社交媒体大数据主题建模原理

主题建模最早可追溯至潜在语义索引(latent semantic indexing,LSI)方法[1],LSI可通过奇异值分解得到文本主题,但是由于存在计算耗时、不能解决文本一词多义等问题,因此,Thomas Hofmann 对其进行了改进并提出了概率潜在语义分析 (probabilistic latent semantic analysis,PLSA)模型[2],Blei 等则在 PLSA 模型的基础上加入 Dirichlet 先验分布,提出了基于"文本-主题-单词"3 层贝叶斯模型的潜在 Dirichlet 分配(latent Dirichlet allocation,LDA)模型[3],这也是"主题建模"概念第一次被正式提出。

1. 主题建模的工作原理

主题建模是一种用于分析大规模文本的层次贝叶斯模型,这种模型利用快速的非监督机器学习算法从高维稀疏的单词数据中提取低维的数学表示,从而对文本单词进行聚类[4]。这一过程主要包含两个步骤:模型设计和模型推理,其基本思想是通过定义一种概率抽样过程生成某组主题以及从该主题中生成文本的规则,利用概率推理的方法挖掘出文本背后的隐藏主题及文本与各主题之间的关系[5]。

这一过程共包括了三个关键部分:①文本。文本是主题建模的分析对象。②主题。主题是基于词项的概率分布,模型通过文本中的词项推理出词项的概率主题集合以及每个词项来源于何种主题等。如图 4-1 所示,原文本的未知主题通过模型推理被划分为不同的主题。③根据主题生成文本的规则。将主题建模的过程模拟成文章的创作过程,则文章可被视为根据主题抽取词项生成文本的过程,在这一过程中需要对根据主题生成文本规则进行定义。

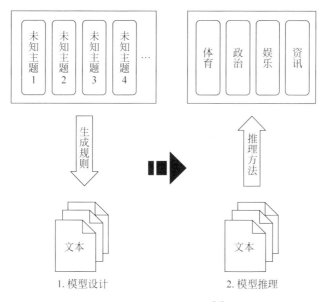

图 4-1　主题建模流程[5]

2. 主题建模的优势

相较于传统的文本挖掘方法,主题建模的优点主要体现在降维能力、语义解释能力和模型拓展方面,具体体现在:①降维能力强。传统文本挖掘方法中的文本通常包含数千维度的向量,而主题建模通过挖掘出文本的主题以及文本与主题之间的关系,可实现将文本从单词空间降维到由主题所构成的相对较小的主题空间维度上[5]。通过对文本的降维,还可实现对文本的去噪、降低数据表示成本等;②语义解释能力强。在传统文本挖掘方法中,文本被认为与词之间是一对多的映射关系,文本是词在空间上的表示,即文本-词。随着人们对于文本理解要求的提高,对于文本潜在语义的挖掘要求也相应提高,如何理解文本隐藏的语义成为文本挖掘的任务之一。主题建模吸取了潜在语义分析(latent semantic analysis,LSA)方法中的语义维度,将以往文本-词的映射延伸成为文本-主题(语义)-词,不仅能够抽取出文本的主题,还可以获得文本、词与主题之间的关系。③模型拓展灵活。自LDA主题模型推出至今,大量学者对其进行了优化与拓展,并在其基础上提出了多种模型的变形,如动态主题模型(dynamic topic model,DTM),超文本主题模型(hypertext topic model),Twitter-LDA等,另外还可通过在LDA模型中加入各种元数据实现模型的变形。

4.1.2 改进的 LDA 主题分析模型

为了更加细粒度地了解社交媒体文本大数据的情感主题,本节采用LDA主题模型对社交媒体文本进行热点话题识别与情感主题聚类。LDA模型通过将文本文档的主题以概率分布的形式解析,并根据分布概率进行主题聚类或文本分类,其建模流程如图4-2所示。定义 $D=\{d_i \mid i \in \{1,2,\cdots,M\}\}$ 为包含 M 个文档的文档集;$d_i=\{d_{is} \mid s \in \{1,2,\cdots,S\}\}$ 为 S 个句子组成的文档(即句子集);$w_i=\{w_{ij} \mid j \in \{1,2,\cdots,N_i\}\}$ 为文档 d_i 分词后的词语集,其中 N_i 为文档 d_i 词语的个数,$N=\sum_{i=1}^{M} N_i$ 为文档集 D 词语的个数;$z_i=\{z_{ij} \mid j \in \{1,2,\cdots,N_i\}\}$ 为词语集 w_i 所对应的主题集,$K=\left|\bigcup_{i=1}^{M} z_i\right|$ 为文档集 D 的总主题数,则LDA算法流程可解析为:

Step1 设任意一篇文档 d_i 的先验概率为 $P(d_i)$;

Step2 给定服从先验 Dirichlet 分布的参数 α,并从中取样生成文档 d_i 的主题分布 θ_i;

Step3 从主题分布 θ_i 中取样生成文档 d_i 中第 j 个词的主题 z_{ij};

Step4 给定服从先验 Dirichlet 分布的参数 β,并从中取样生成主题 z_{ij} 的词语分布 $\varphi_{z_{ij}}$;

Step5 从词语分布 $\varphi_{z_{ij}}$ 中生成词语 w_{ij}。

在原LDA主题算法中,采用词袋形式表示文本,文档中的词相互独立且无序,通过统计词频构成词向量而不考虑权重差异的模式,易导致主题分布过度倾向高

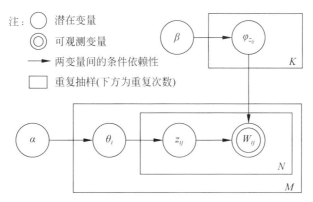

注: ◯ 潜在变量
◎ 可观测变量
—→ 两变量间的条件依赖性
▢ 重复抽样(下方为重复次数)

图 4-2 LDA 主题分析模型

频词,进而影响主题分布的准确性。本节通过基于高斯函数的词语权重分布计算,深度识别大规模文本中潜在的主题信息,改进思路如下。

(1)采用如式(4-1)所示的高斯函数对词 w_{ij} 进行差异化表征:

$$F(w_{ij}) = \frac{1}{\sigma\sqrt{2\pi}}\exp\left[-\frac{(\mathrm{Fr}_{w_{ij}} - \mathrm{Mn}_{w_i})^2}{2\sigma^2}\right] \tag{4-1}$$

式中,$\mathrm{Fr}_{w_{ij}}$ 为词 w_{ij} 在文档 d_i 中的词频数;Mn_{w_i} 为文档 d_i 所对应的词语集 w_i 中所有词的词频平均数;σ^2 表示方差。

(2)为了保证改进前后的文档 d_i 总词数不变,采用式(4-2)对词 w_{ij} 进行权重求解:

$$\mathrm{weight}_{w_{ij}} = \frac{N_i \times F(w_{ij})}{\sum_{j=1}^{N_i} \mathrm{Fr}_{w_{ij}} \times F(w_{ij})} \tag{4-2}$$

为了更好地解析本节所改进的词语权重 $\mathrm{weight}_{w_{ij}}$ 计算方法,采用吉布斯(Gibbs)采样算法推导参数 θ 和 φ,以期获得"文档-主题"和"主题-词"的概率分布。推导过程如下所示:

根据 LDA 算法流程的 Step2 可知,文档 d_i 的主题分布 θ_i 的先验分布为

$$\theta_i = \mathrm{Dirichlet}(\alpha) \tag{4-3}$$

由于文档集 D 包含 K 个主题,因此 α 为 K 维向量。根据 LDA 算法流程的 Step4 可知,对于任意主题 z_{ij},其词分布 $\varphi_{z_{ij}}$ 为

$$\varphi_{z_{ij}} = \mathrm{Dirichlet}(\beta) \tag{4-4}$$

已知文档集 D 包含 N 个词语,因此 β 为 N 维向量。

对于文档 d_i 中的词 w_{ij},根据主题分布 θ_i 得到其主题 z_{ij} 的分布为

$$z_{ij} = \mathrm{multinomial}(\theta_i) \tag{4-5}$$

由此推出主题 z_{ij} 下的词 w_{ij} 的概率分布为

$$w_{ij} = \mathrm{multinomial}(\varphi_{z_{ij}}) \tag{4-6}$$

对于文档 d_i 中的主题 z_{ij}，定义其包含的词语言数目为 $\text{Num}_{d_i}^{z_{ij}}$，则数学表达式为

$$\text{Num}_{d_i} = (\text{Num}_{d_i}^{z_{i1}}, \text{Num}_{d_i}^{z_{i2}}, \cdots, \text{Num}_{d_i}^{z_{iN_i}}) \tag{4-7}$$

根据 Dirichlet 分布与多项式分布的共轭特性，θ_i 的后验分布为

$$\text{Dirichlet}(\theta_i \mid \alpha + n_{d_i}) \tag{4-8}$$

对于主题 z_{ij}，定义第 j 个词 w_{ij} 的频数为 $\text{Num}_{z_{ij}}^{w_{ij}}$，则数学表达式为

$$\text{Num}_{w_{ij}} = (\text{Num}_{z_{ij}}^{w_{i1}}, \text{Num}_{z_{ij}}^{w_{i2}}, \cdots, \text{Num}_{z_{ij}}^{w_{iN_i}}) \tag{4-9}$$

根据 Dirichlet 分布与多项式分布的共轭特性，θ_i 的后验分布如式(4-10)所示：

$$\text{Dirichlet}(\varphi_{z_{ij}} \mid \beta + n_{w_{ij}}) \tag{4-10}$$

在吉布斯采样中，词 w_{ij} 匹配主题 z_{ij} 的条件概率分布为 $P(z_{ij} \mid w_i, z_{\neg ij}, \alpha, \beta)$，其中，$z_{\neg ij}$ 表示去掉词 w_{ij} 后匹配的主题分布。由于 $P(w_i, z_i) \propto P(w_i, z_i \mid \alpha, \beta)$，根据 Dirichlet 分布与多项式分布的共轭特性，可将其简化为对 $P(w_i, z_i \mid \alpha, \beta)$ 的求解，即

$$P(w_i, z_i \mid \alpha, \beta) = P(w_i \mid z_i, \beta) P(z_i \mid \alpha)$$

$$= \int P(w_i \mid \Phi, z_i) p(\Phi \mid \beta) d_i \Phi \times \int P(z_i \mid \Theta) p(\Theta \mid \alpha) d_i \Theta$$

$$= \int \prod_{z_{ij}}^{K} (\prod_{w_{ij}}^{N} P(w_{ij} \mid \Phi, z_{ij}) p(\Phi \mid \beta)) d_i \Phi \times$$

$$\int \prod_{d_i}^{M} (\prod_{w_{ij}}^{N} P(z_{ij} \mid \theta_i) p(\theta_i \mid \alpha)) d_i \Theta$$

$$= \int \prod_{z_{ij}}^{K} \prod_{w_{ij}}^{N} \Phi_{w_{ij}, z_{ij}}^{\text{Num}_{z_{ij}}^{w_{ij}}} \text{Dirichlet}(\Phi \mid \beta) d_i \Phi \times$$

$$\int \prod_{d_i}^{M} \prod_{z_{ij}}^{K} \theta_{z_{ij}, d_i}^{\text{Num}_{d_i}^{z_{ij}}} \text{Dirichlet}(\theta \mid \alpha) d_i \Theta$$

$$= \int \prod_{z_{ij}}^{K} \prod_{w_{ij}}^{N} \Phi_{w_{ij}, z_{ij}}^{\text{Num}_{z_{ij}}^{w_{ij}}} \prod_{z_{ij}}^{K} \Delta(\beta) \prod_{w_{ij}}^{N} \Phi_{w_{ij}, z_{ij}}^{\beta_{w_{ij}}-1} d_i \Phi \times$$

$$\int \prod_{d_i}^{M} \prod_{z_{ij}}^{K} \theta_{z_{ij}, d_i}^{\text{Num}_{d_i}^{z_{ij}}} \prod_{d_i}^{M} \Delta(\alpha) \prod_{z_{ij}}^{K} \theta_{z_{ij}, d_i}^{\alpha_{z_{ij}}-1} d_i \Theta$$

$$= \int \prod_{z_{ij}}^{K} \Delta(\beta) \prod_{w_{ij}}^{N} \Phi_{w_{ij}, z_{ij}}^{\text{Num}_{z_{ij}}^{w_{ij}}+\beta_{w_{ij}}-1} d_i \Phi \times \int \prod_{d_i}^{M} \Delta(\alpha) \prod_{z_{ij}}^{K} \theta_{z_{ij}, d_i}^{\text{Num}_{d_i}^{z_{ij}}+\alpha_{z_{ij}}-1} d_i \Theta$$

$$= \prod_{z_{ij}}^{K} \Delta(\beta) \frac{\prod_{w_{ij}} (\text{Num}_{z_{ij}}^{w_{ij}} + \beta_{w_{ij}})}{\Gamma(\sum_{w_{ij}}^{N} (\text{Num}_{z_{ij}}^{w_{ij}} + \beta_{w_{ij}}))} \times \prod_{d_i}^{M} \Delta(\alpha) \frac{\prod_{z_{ij}} (\text{Num}_{d_i}^{z_{ij}} + \alpha_{z_{ij}})}{\Gamma\left(\sum_{z_{ij}}^{K} (\text{Num}_{d_i}^{z_{ij}} + \alpha_{z_{ij}})\right)}$$

$$
=\left(\frac{\Gamma(\sum\limits_{w_{ij}}^{N}\beta_{w_{ij}})}{\prod\limits_{w_{ij}}^{N}\beta_{w_{ij}}}\right)^{K}\times\left(\frac{\Gamma(\sum\limits_{z_{ij}}^{K}\alpha_{z_{ij}})}{\prod\limits_{z_{ij}}^{K}\alpha_{z_{ij}}}\right)^{M}\times\prod\limits_{z_{ij}}^{K}\frac{\prod\limits_{w_{ij}}^{N}(\mathrm{Num}_{z_{ij}}^{w_{ij}}+\beta_{w_{ij}})}{\Gamma(\sum\limits_{w_{ij}}^{N}(\mathrm{Num}_{z_{ij}}^{w_{ij}}+\beta_{w_{ij}}))}\times
$$

$$
\prod\limits_{d_{i}}^{M}\frac{\prod\limits_{z_{ij}}^{K}(\mathrm{Num}_{d_{i}}^{z_{ij}}+\alpha_{z_{ij}})}{\Gamma(\sum\limits_{z_{ij}}^{K}(\mathrm{Num}_{d_{i}}^{z_{ij}}+\alpha_{z_{ij}}))} \quad (i=1,j=1,2,\cdots,N_{i}) \tag{4-11}
$$

式中，α、β 服从先验 Dirichlet 分布；θ_i 为文本主题的概率分布；$P(\theta_i|\alpha)$ 为 Dirichlet 先验参数 α 产生文档 d_i 的"文本-主题"分布概率；$P(z_{ij}|\theta_i)$ 为主题分布 θ_i 中取样生成文档 d_i 第 j 个词对应的主题概率；$P(\Phi|\beta)$ 为 Dirichlet 先验参数 β 生成主题 z_{ij} 的"主题-词"分布矩阵；$P(w_{ij}|\varphi_{Z_{ij}})$ 为词语分布 $\varphi_{z_{ij}}$ 中生成词语 w_{ij} 对应的概率；$\mathrm{Num}_{z_{ij}}^{w_{ij}}$ 表示词 w_{ij} 属于主题 z_{ij} 的个数；$\mathrm{Num}_{d_i}^{z_{ij}}$ 表示文档 d_i 包含主题 z_{ij} 的个数。由此，可以得到 $P(w_i,z_i)$ 联合概率分布的近似值为

$$
\begin{aligned}
P(z_{ij}\mid w_i,z_{\neg ij},\alpha,\beta) &=\frac{P(z_{ij},w_{ij}\mid w_{\neg ij},z_{\neg ij},\alpha,\beta)}{P(w_{ij}\mid w_{\neg ij},z_{\neg ij},\alpha,\beta)}\\
&=\frac{P(w_i,z_i\mid\alpha,\beta)}{P(w_i,z_{\neg ij}\mid\alpha,\beta)}\\
&=\frac{P(w_i,z_i\mid\alpha,\beta)}{P(w_{\neg ij},z_{\neg ij}\mid\alpha,\beta)P(w_{ij}\mid\alpha,\beta)}
\end{aligned} \tag{4-12}
$$

$$
\propto\frac{P(w_i,z_i\mid\alpha,\beta)}{P(w_i,z_{\neg ij}\mid\alpha,\beta)}\propto\frac{\mathrm{Num}_{z_{ij}}^{w_{ij}}+\beta w_{ij}-1}{\sum\limits_{w_{ij}}^{N}\mathrm{Num}_{z_{ij}}^{w_{ij}}+\beta w_{ij}-1}\times(\mathrm{Num}_{d_i}^{z_{ij}}+\alpha_{ij}-1)
$$

根据式(4-8)、式(4-10)可推导得

$$
P(\theta_i\mid z_{ij},\alpha)=\mathrm{Dirichlet}(\theta_i\mid\alpha+\mathrm{Num}_{d_i}) \tag{4-13}
$$

$$
P(\varphi_{z_{ij}}\mid z_i,w_i,\beta)=\mathrm{Dirichlet}(\varphi_{z_{ij}}\mid\beta+\mathrm{Num}_{z_{ij}}) \tag{4-14}
$$

最后，根据 Dirichlet 分布期望公式对式(4-13)、式(4-14)取数学期望，得到参数 $\varphi_{z_{ij}}^{w_{ij}}$ 和 $\theta_{d_i}^{z_{ij}}$ 在贝叶斯框架下的估计值分别为

$$
\hat{\varphi}_{z_{ij}}^{w_{ij}}=\frac{\mathrm{Num}_{z_{ij}}^{w_{ij}}+\beta_{w_{ij}}}{\sum\limits_{c=1}^{N}\mathrm{Num}_{z_{ij}}^{w_{ij}}+\beta_{w_{ij}}} \tag{4-15}
$$

$$
\hat{\theta}_{d_i}^{z_{ij}}=\frac{\mathrm{Num}_{d_i}^{z_{ij}}+\alpha_{z_{ij}}}{\sum\limits_{z_{ij}=1}^{K}\mathrm{Num}_{d_i}^{z_{ij}}+\alpha_{z_{ij}}} \tag{4-16}
$$

显然,当词 w_{ij} 为高频词时,其分配到主题 z_{ij} 和文档 d_i 的概率更大,导致主题分布易向高频词倾斜。而经过式(4-1)和式(4-2)的改进后,当词 w_{ij} 分配到主题 z_{ij} 时,被赋予了相应的权重,此时在式(4-15)和式(4-16)中, $\mathrm{Num}_{z_{ij}}^{w_{ij}}$ 和 $\mathrm{Num}_{d_i}^{z_{ij}}$ 的值不是累加 1 而是累加差异化的词权重 $\mathrm{weight}_{w_{ij}}$。由此改进的 LDA 主题模型可实现对文本数据更加细粒度、合理化的主题划分。

4.2 社交媒体大数据智能情感分析模型建构

基于社交媒体大数据的智能情感分析旨在通过深度学习模型对社交媒体文本大数据中的主观情感信息进行理解和分析,具体包括对情感、情绪、态度、立场等观点的分类、抽取、归纳和推理等任务。本节通过构建 RAE(recursive autoencoders)深度学习模型和改进的 BERT 预训练模型,拟对社交媒体文本大数据中的主题情感信息进行识别和分类,以期得到多维视角下的细粒度智能主题情感分类结果,为4.3节社交媒体大数据智能情感预测模型构建提供数据基础。

4.2.1 RAE 深度学习模型

半监督 RAE 分类模型是一种基于递归自编码的深度学习模型[6]。它能够在文本信息处理过程中,实现半监督学习以及降低文本句子在组合过程中的信息损失,即无损地将词向量组合成句向量。半监督 RAE 分类的模型结构是如图 4-3 所示的树结构,通过该树结构实现词语无损融合来获取无标注训练数据的文本特征,随即通过情感类别标注的训练数据优化模型,并预测文本的情感分类。

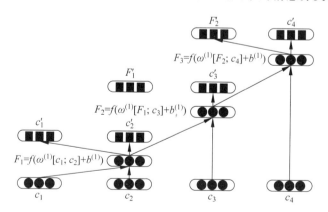

图 4-3 基于深度学习的词向量融合优化结构树

在半监督 RAE 模型中,需要利用自编码神经网络自底向上的学习到整个句子 $\boldsymbol{X} = \{x_1, x_2, \cdots, x_n\}$ 的句向量。其具体步骤如下:

首先,对于句子中两个不同的两个词向量 $\boldsymbol{x}_1, \boldsymbol{x}_2 \in \mathbb{R}^m$,由式(4-17)的非线性编

码器将 x_1, x_2 组合为父节点 F：

$$F = \tanh(\omega^{(1)}[x_1; x_2] + b^{(1)}) \tag{4-17}$$

其中，$[x_1; x_2] \in \mathbb{R}^{2m}$ 为词语向量连接向量；$\omega^{(1)} \in \mathbb{R}^{m \times 2m}$ 为参数矩阵；$b^{(1)} \in \mathbb{R}^m$ 为偏置项；编码器 $\tanh(\cdot)$ 采用双曲正切函数。同时为了衡量父节点 F 相对于向量 $[x_1; x_2]$ 的信息损失程度，在父节点 F 上构建重构层，由式(4-18)构建了父节点 F 的重构向量 $[x_1', x_2'] \in \mathbb{R}^{2m}$：

$$[x_1', x_2'] = g(\omega^{(2)} F + b^{(2)}) \tag{4-18}$$

其中，$\omega^{(2)} \in \mathbb{R}^{2m \times m}$ 为参数矩阵；$b^{(2)} \in \mathbb{R}^m$ 为偏差；解码器 $g(\cdot)$ 采用恒等函数。接下来目标是最小化重构向量与原向量之间的误差，即重构误差。在给定两个词向量 x_1, x_2 及其重构向量 x_1', x_2' 后采用欧式距离计算两者间的重构误差，其表达式为

$$E_{cg}([x_1; x_2], \bar{\omega}) = \frac{1}{2} \| [x_1; x_2] - [x_1'; x_2'] \|^2 \tag{4-19}$$

其次，对于 $X = \{x_1, x_2, \cdots, x_n\}$，通过式(4-19)计算得到相邻词向量的重构误差，即 $E_{cg}\{x_1, x_2\}, E_{cg}\{x_2, x_3\}, \cdots, E_{cg}\{x_{n-1}, x_n\}$，接着利用贪心逼近的方法构造最优句子结构树，具体过程为：选择重构误差最小的两个词语得到第一个父节点 F_1，并将 F_1 代替其子节点向量进行下一步重构误差计算，直到得到根节点 F_g 结束，通过该方法可以得到句子重构误差 $E_{cgT} = \sum\limits_{a \in T} E_{cg}\{a\}$ 和最优的句子树结构 T。

通过上述的步骤可以得到文本中的特征向量表示，即根节点 F_g。为了预测句子的情感类别，需要学习有类别标记样本的分布来判断，通过在 RAE 计算中的根节点上增加分类器来实现，该步骤是有监督的过程。

最后在得到最优的句子树结构 T 后，若句子共有 G 类标注，则对于根节点向量 F_g，可以计算 F_g 的交叉熵误差，其表达式为

$$E_{lg}(F_g, L; \vartheta) = -\sum_{\eta=1}^{G} L_\eta \log b_\eta(F_g, \vartheta) \tag{4-20}$$

其中，L 为句子标注分布，$b_\eta(F, \vartheta)$ 为 Softmax 条件概率，即

$$b(F; \vartheta) = \mathrm{Softmax}(\vartheta^{\mathrm{label}} F) = \frac{1}{\sum\limits_{j=1}^{G} e^{\omega_j^T F}} \begin{bmatrix} e^{\vartheta_1^T F} \\ e^{\vartheta_2^T F} \\ \vdots \\ e^{\vartheta_g^T F} \end{bmatrix} \tag{4-21}$$

半监督 RAE 模型中需要综合考虑其句子重构误差和交叉熵误差，因此将两种误差加权求和，得到半监督 RAE 模型的目标函数为

$$J = \frac{1}{N} \sum_{(a, L)} E(a, L; \xi) + \frac{\lambda}{2} \| \xi \| \tag{4-22}$$

式中，$E(a, L; \xi) = \sum_{a \in T} E([c_1; c_2]_a, F_a, L, \xi)$ 为句子中各节点的两类误差和，其中 $E([c_1; c_2]_a, F_a, L, \xi) = \varepsilon E_{ng}([c_1; c_2]_a, \bar{\omega}) + (1 - \varepsilon) E_{lg}(F_g, L; \vartheta)$，$\xi$、$\bar{\omega}$、$\vartheta$ 为参数集，F_g 为根节点向量，通过权重系数 ε 将重构误差和交叉熵误差加权求和，再通过目标函数 J 进行随机梯度下降更新各类参数 ξ，最后通过已训练完毕的模型进行情感分类。

4.2.2 改进的 BERT 预训练模型

BERT(bidirectional encoder representations from Transformers)是 Google 公司于 2018 年发布的基于双向 Transformer 结构的语言预训练模型[7]，通过 MLM(masked language model)和 NSP(next sentence prediction)任务来增强模型的语义表示能力，并依靠 Transformer 强大的特征提取和微调(fine-tunning)迁移学习能力使之在多项 NLP 任务中脱颖而出，其模型结构如图 4-4 所示。

在图 4-4 中，$\{w_{i1}, w_{i2}, \cdots, w_{ij}, \cdots, w_{iN_i}\}$ 表示文本分词后输入的词语，Trm 为 Transformer 编码器单元，文本经过双向 Trm 层分别得到词语的向量化表示，并存储到 $\{w'_{i1}, w'_{i2}, \cdots, w'_{ij}, \cdots, w'_{iN_i}\}$ 隐藏层中。Transformer 编码器单元如图 4-5 所示。

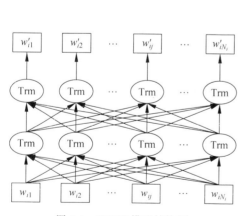

图 4-4　BERT 模型结构图

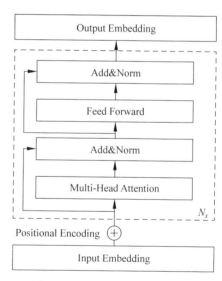

图 4-5　Transformer 编码器单元

Transformer 编码器单元由 $N_x(x = 6)$ 个相同子层组成，每一子层主要由多头注意力机制(multi-head attention)和前馈层(feed forward)组成，均采用残差连接和归一化(Add & Norm)处理。当文本输入模型时，首先将其转换为词向量，并嵌入位置编码(positional encoding)，再利用多头注意力机制学习句子语义关系，最后通过前馈层输出。

为了提高大规模复杂文本在情感分类任务中的精准度和细粒度,本文保留了
BERT 基础模型,并在改进预训练任务的基础上,增加深度预训练任务;同时,将
4.1.2 节 LDA 模型的主题优化结果分别嵌入 BERT 预训练和微调阶段,使模型在
执行情感分类任务时能够同时学习句法、语义和主题等文本特征。改进的 BERT
深度学习模型结构如图 4-6 所示。

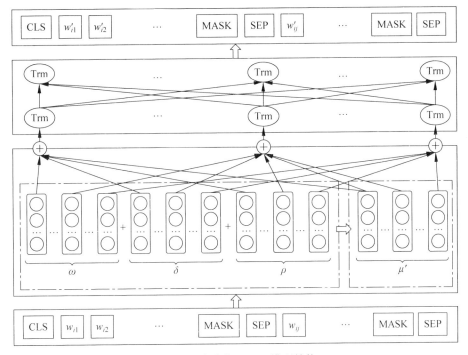

图 4-6　改进的 BERT 模型结构

设 ω、δ、ρ 分别表示模型所获取文本的词向量(word embedding)、文本向量
(segment embedding)和位置向量(position embedding);$d_i' = \{w_{ij}' \mid j \in \{1,2,\cdots,$
$N_i\}\}$ 为文档 d_i 的词融合了改进的全文本语义信息的向量集合。对于输入层中插
入的特殊字符的说明,见表 4-1。

表 4-1　文本分析中的特殊字符映射关系

字　　符	含　　义	字　　符	含　　义
［CLS］	文本起始符	［MUN］	数字
［SEP］	文本间隔符和终止符	［DEL］	已删除的字符
［MASK］	遮盖字	［PAD］	填补空白符

在图 4-6 改进的 BERT 模型结构中,首先,将分词后的文档 $d_i = \{w_{ij} \mid j \in \{1,$
$2,\cdots,N_i\}\}$ 输入模型,每个词被映射成三个向量和表示 $w_{ij}(\omega+\delta+\rho)$,将其统称
为词向量,其中,位置向量 ρ 通过正弦函数和余弦函数的线性变换计算得到,其数

学表达式见式(4-23)和式(4-24):

$$PE_{(pos,2i)} = \sin(pos/10000^{2i/d_{model}}) \tag{4-23}$$

$$PE_{(pos,2i+1)} = \cos(pos/10000^{2i/d_{model}}) \tag{4-24}$$

式中,PE 表示二维矩阵,行表示词语,列表示向量;pos 为词语在句中的位置;i 为词向量的位置;d_{model} 为词向量维度。对于每个词的词向量,偶数位置采用正弦函数进行处理,奇数位置采用余弦函数处理,因此每一个位置在词向量维度均得到不同周期的正弦和余弦函数的取值组合,以此获得唯一的位置信息。

其次,在改进过程中,将词向量 $w_{ij}(\omega+\delta+\rho)$ 与 LDA 优化后的主题表示相结合,得到融合更优主题向量的词向量 $w_{ij}(\omega+\delta+\rho+\mu')$,再将其传入双向 Transformer 编码器中。为了使模型学习更多信息,Transformer 编码器将多头机制和前馈层通过残差网络结构连接,由多头机制对输入的向量进行数次线性变换得到多个的线性值,再对注意力权重进行计算。

多头注意力机制由注意力机制(attention)发展而来。注意力机制的中心思想是默认句子中的每个词语之间存在相互关系,且关系程度反映了词语的关联性及重要性,因此对句子中每个词语的相互关系进行计算并赋予不同的权重,得到新的词向量表达。和传统的词向量相比,新的词向量不仅表征了该词的信息,同时储存了与该句话中其他词的联系[8]。其数学表达为

$$Attention(Q,K,V) = soft\max\left(\frac{QK^T}{\sqrt{d_k}}\right)V \tag{4-25}$$

其中,Q、K、V 为输入词向量矩阵;d_k 为输入向量维度;softmax 为归一化指数函数,通过计算 Q 与 K 的转置的点积,求出注意力矩阵,再除以 $\sqrt{d_k}$ 将注意力矩阵转换成标准正态分布,使得 softmax 归一化后的结果更加稳定,最后用注意力矩阵给 V 加权。为了使模型在不同的"表示子空间"里学习到更多的信息,多头注意力机制在注意力机制的基础上,采用"多头"模式,将 Q、K、V 通过参数矩阵映射后再计算 Attention,将此过程重复 h 次后,利用拼接函数对计算结果进行拼接。其计算过程如式(4-26)和式(4-27)所示:

$$MultiHead(Q,K,V) = Concat(head_1,head_2,\cdots,head_h)W^O \tag{4-26}$$

$$head_f = Attention(QW_f^Q,KW_f^K,VW_f^V) \tag{4-27}$$

式中,$head_f = \{head_f | f \in \{1,2,\cdots,h\}\}$ 表示第 f 个超参数头;W^O 为权重矩阵;W_f^Q、W_f^K、W_f^V 表示第 f 个超参数头对应的 W^Q、W^K、W^V 权重矩阵;Concat 为拼接函数。多头机制的模型结构如图 4-7 所示。

由此,Transformer 编码器学习并存储了文档 d_i 的语义关系和语法结构信息,由于文档 d_i 经过 BERT 模型改进后融合了更优主题特征向量,因此,将改进后的文档 $d_i' = \{w_{ij}' | j \in \{1,2,\cdots,N_i\}\}$ 通过特殊字符[CLS]与 softmax 的输出层连接以适配多任务下的迁移学习。由此,融合了主题优化信息的特征向量与

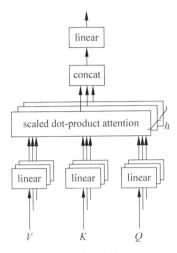

图 4-7　多头机制模型结构

BERT 词向量相结合,可望提高模型在大规模复杂文本情感演化分析的精确度和
细粒度。

4.3　社交媒体大数据智能情感预测模型建构

通过 4.1 节和 4.2 节的模型建构,已基本实现了社交媒体大数据的智能化情
感识别与分类、以及多维视角下情感主题的细粒化特征抽取任务,为突发公共事件
的舆情监测与管控提供了智能化治理方案。然而,面对海量的社交媒体文本大数
据,如果能够有效预测公众情感的演化过程和趋势,对突发公共事件舆情的拐点进
行有效的研判和预警,将会对政府及有关部门提前部署和调整舆情应对方案带来
巨大的帮助。因此,本节重点阐述基于计量经济学和机器学习模型的预测模型建
构方法,并结合社交媒体文本大数据预测任务的特定场景,提出了具体的建模流程
和步骤。

4.3.1　基于计量经济学模型的舆情情感预测

ARMA 时间序列模型又称自回归移动平均模型,由自回归(autoregressive,
AR)模型和移动平均(moving average,MA)模型两部分组成[9],广泛运用于舆情
预测、状态估计、信号处理、控制和模式识别等领域,最早由 Box 等提出[10]。
ARMA 模型认为时间序列中某一时刻的数值与前 p 个时间序列的数值和前 q 个
进入系统的随机扰动有关,并由此来预测下一时刻的数值。定义目标序列数值
$\{X_t\}$ 受到前 p 个时间序列数值影响的自回归过程如式(4-28)所示:

$$X_t = \eta_1 X_{t-1} + \eta_2 X_{t-2} + \cdots + \eta_p X_{t-p} + e_t \tag{4-28}$$

式中,$\eta_1, \eta_2, \cdots, \eta_p$ 为自回归系数,且 $\eta_p \neq 0, e_t$ 为误差项。误差项 e_t 在不同时间

序列数值上具有依存关系,其移动平均过程可以表达为

$$e_t = \gamma_1 \varepsilon_{t-1} + \gamma_2 \varepsilon_{t-2} + \cdots + \gamma_q \varepsilon_{t-q} + \varepsilon_t \qquad (4\text{-}29)$$

式中,$\gamma_1, \gamma_2, \cdots, \gamma_q$ 为移动平均系数,且 $\gamma_q \neq 0$,$\{\varepsilon_t\}$ 是方差为 σ^2 的白噪声序列。将式(4-28)代入式(4-29)中,由此得到如式(4-30)所示的 ARMA 模型数学表达式:

$$X_t - \eta_1 X_{t-1} - \cdots - \eta_p X_{t-p} = \gamma_1 \varepsilon_{t-1} + \cdots + \gamma_q \varepsilon_{t-q} + \varepsilon_t \qquad (4\text{-}30)$$

基于 ARMA 模型的预测算法流程如图 4-8 所示,下面对关键步骤进行说明。

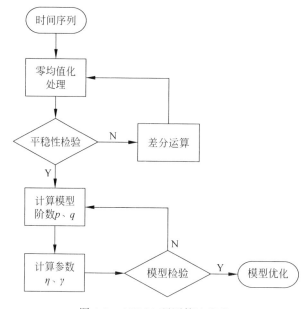

图 4-8　ARMA 预测算法流程

Step1　对时间序列数值 $\{X_t\}$ 进行零均值化处理,即 $\{X_t'\}$:$X_t' = X_t - \overline{X}$,其中 X_t' 为零均值序列,$\overline{X}$ 为平均值,再对 X_t 进行 ADF(augmented Dickey-Fuller)平稳性检验[11],确保均值与自协方差不随时间出现趋势性变化。若结果不平稳,则采用差分法运算直到差分后的数据平稳。

Step2　对平稳后的数据进行白噪声检验,若检验结果为平稳的白噪声序列,则通过计算自相关函数(auto-correlation function,ACF)和偏相关函数(partial auto-correlation function,PACF)求取 ARMA 模型的阶数 p 和 q,并结合赤池信息准则(Akaika information criterion,AIC)[12]对不同 (p,q) 组合下的 AIC 值进行计算,取 AIC(p,q) 的最小阶数作为 (p,q) 的估计,其数学表达式为

$$\text{AIC} = 2k - 2\ln I \qquad (4\text{-}31)$$

其中,k 为被估计的参数个数;$I = \max(p,p,q)$ 为预先设定的最高阶数。

Step3　采用最小二乘估计法(least squares method,LS)计算模型中剩余的未知参数 η 和 γ。首先,根据式(4-31)可推导误差值 e_t 为

$$e_t = X_t - \sum_m^p \eta_m X_{t-m}, \quad m = p+1, p+2, \cdots, R \tag{4-32}$$

根据式(4-30)可推导 X_t 为

$$X_t = \sum_m^p \eta_m X_{t-m} + \sum_m^q \gamma_m \varepsilon_{t-m} + \varepsilon_t, \quad t = I+1, I+2, \cdots, R \tag{4-33}$$

对目标函数进行极小化计算,即

$$O(\eta, \gamma) = \sum_{m=I+1}^T \left(X_t - \sum_m^p \eta_m X_{t-m} - \sum_m^q \gamma_m \varepsilon_{t-m} \right)^2 \tag{4-34}$$

得到最小二乘估计 $(\hat{\eta}_1, \cdots, \hat{\eta}_p, \hat{\gamma}_1, \cdots, \hat{\gamma}_q)$。

其次,定义

$$\boldsymbol{X} = \begin{bmatrix} x_{I+1} \\ x_{I+2} \\ \vdots \\ x_R \end{bmatrix}, \quad \boldsymbol{X} = \begin{bmatrix} x_I & x_{I-1} & \cdots & x_{I-p+1} \\ x_{I+1} & x_I & \cdots & x_{I-p+2} \\ \vdots & \vdots & & \vdots \\ x_{R-1} & x_{R-2} & \cdots & x_{R-p} \end{bmatrix},$$

$$\boldsymbol{v} = \begin{bmatrix} \eta \\ \gamma \end{bmatrix}, \quad \hat{\boldsymbol{\varepsilon}} = \begin{bmatrix} \hat{\varepsilon}_I & \hat{\varepsilon}_{I-1} & \cdots & \hat{\varepsilon}_{I-p+1} \\ \hat{\varepsilon}_{I+1} & \hat{\varepsilon}_I & \cdots & \hat{\varepsilon}_{I-p+2} \\ \vdots & \vdots & & \vdots \\ \hat{\varepsilon}_{R-1} & \hat{\varepsilon}_{R-2} & \cdots & \hat{\varepsilon}_{R-p} \end{bmatrix} \tag{4-35}$$

则可将式(4-34)推导为

$$O(\eta, \gamma) = |\boldsymbol{X} - \boldsymbol{X}\eta - \hat{\boldsymbol{\varepsilon}}\gamma|^2 = |\boldsymbol{X} - (\boldsymbol{X}, \hat{\boldsymbol{\varepsilon}})\boldsymbol{v}|^2 \tag{4-36}$$

令 $(\boldsymbol{X}, \hat{\boldsymbol{\varepsilon}})^{\mathrm{T}}[\boldsymbol{X} - (\boldsymbol{X}, \hat{\boldsymbol{\varepsilon}})\boldsymbol{v}] = 0$,此时得到参数 η 和 γ 的最小二乘估计如式(4-37)所示:

$$\begin{bmatrix} \eta \\ \gamma \end{bmatrix} = \begin{bmatrix} \boldsymbol{X}^{\mathrm{T}}\boldsymbol{X} & \boldsymbol{X}^{\mathrm{T}}\hat{\boldsymbol{\varepsilon}} \\ \hat{\boldsymbol{\varepsilon}}^{\mathrm{T}}\boldsymbol{X} & \hat{\boldsymbol{\varepsilon}}^{\mathrm{T}}\hat{\boldsymbol{\varepsilon}} \end{bmatrix} \begin{bmatrix} \boldsymbol{X}^{\mathrm{T}}\boldsymbol{X} \\ \hat{\boldsymbol{\varepsilon}}^{\mathrm{T}}\boldsymbol{X} \end{bmatrix} \tag{4-37}$$

Step4　采用自相关函数对模型进行检验,若模型预测值与真实值之间的残差序列 $\{\varepsilon_t\}$ 为白噪声序列,则说明原始序列的数值相关性已被充分提取,模型有效,反之需要重新进行定阶和参数计算。此时, $t+1$ 时刻的动态预测结果如式(4-38)所示:

$$X'_{t+1} = \eta_1 X'_t + \cdots + \eta_p X'_{t+1-p} + e_t - \gamma_1 \varepsilon_t - \cdots - \gamma_q \varepsilon_{t+1-q} \tag{4-38}$$

由此获得时间序列 ARMA 模型,以实现文本数据和舆情演化的预测分析。

4.3.2　基于机器学习模型的舆情情感预测

（1）支持向量回归（support vectorregression,SVR）

支持向量回归（SVR）由 Vapnik 等于 1997 年首次提出,用于解决回归问题[13]。下面简单介绍其原理：给定 N 对样本 $\{x_i, y_i\}_{i=1}^N$,其中 x_i 和 y_i 分别表示输入特征和预测目标,通过构建 $x_i \sim y_i$ 的映射关系,实现由 x_i 预测 y_i 的功能;同时,使用非线性映射函数 φ,将 $x_i \sim y_i$ 的线性回归转化为非线性回归,其表达式如式(4-39)所示:

$$y_i \approx f(x_i, \omega) = \langle \omega, \varphi(x_i) \rangle + b \tag{4-39}$$

其中,ω 和 b 分别为回归权重和偏置;$\langle ., .. \rangle$ 为两个向量的内积。在 SVR 模型中,y_i 和 $f(x_i, \omega)$ 之间的误差可以用非敏损失函数 ε 表示,即

$$|y_i - f(x_i, \omega)|_\varepsilon = \begin{cases} 0, & |y_i - f(x_i, \omega)| < \varepsilon \\ |y_i - f(x_i, \omega)| - \varepsilon, & \text{其他} \end{cases} \tag{4-40}$$

给定 ω 和 b 的值,为了防止模型发生过拟合,引入正则化风险函数 R 来约束 SVR 模型,其表达式为

$$R = \frac{C}{N} \sum_{i=1}^{N} |y_i - f(x_i, \omega)|_\varepsilon + \frac{1}{2} \|\omega\|^2 \tag{4-41}$$

其中,第一项为基于非敏损失函数 ε 的经验风险;第二项为正则化项,用于惩罚模型权重向量,以限制 SVR 的复杂性;C 为权重惩罚参数。为了解决高维非线性特征 $\varphi(x)$ 导致的优化难题,SVR 使用核函数 $K(x, x')$ 代替 $\varphi(x)$ 与 $\varphi(x')$ 的内积。同时引入 Lagrangia 乘子 α_i 和 β 来解决受约束风险最小化问题。此时,$x_i \sim y_i$ 的非线性映射定义为

$$f(x) = \sum_{i=1}^{N} \alpha_i K(x, x') + \beta \tag{4-42}$$

SVR 的预测效果严重依赖于核函数和超参数的选择。本书选用最常用的径向基函数(radial basis function,RBF),即 $K(x, x') = \exp(-\|x - x_i\|^2 / 2\sigma^2)$ 作为 SVR 的核函数,其中超参数 σ 用于控制 RBF 的宽度。SVR 的超参数 ε、C 和 σ 可通过试错法、遗传算法、贝叶斯优化等进行调整。

（2）AdaBoost 算法

AdaBoost 算法于 1995 年被 Freund 等[14]首次提出,主要用于处理二分类和多分类问题,在训练的过程中,AdaBoost 算法不仅吸收了 boosting 的思想,对样本赋予了权重,在之后的迭代过程中,将重点放到了那些容易被错分的样本上,同时也对训练所得的分类器赋予了权重,预测精度越高的分类器被分配的权重也越高,最终的分类器则由这些弱分类器的加权之和构成。

AdaBoost 在实际应用中,最为常见的应用就是处理二分类问题:

假设训练样本为 $A = \{(x_i, y_i) | i = 1, 2, \cdots, n\}$,其中 x_i 表示输入向量,y_i 表示输出值,$y_i \in \{-1, 1\}$ 表示样本输出类别,Q_t 表示第 t 次迭代时样本的权重分布。初始时,每个样本的权重都是一样的,$Q_i = \left(\frac{1}{n}, \frac{1}{n}, \cdots, \frac{1}{n} \right)$,$n$ 表示样本数量,如前所述,每个基分类器 d_i 的权重取决于其预测精度,在这里假设基分类器 d_t 在当前样本条件下对应的错误分类率为 e_t,则错误分类率可以表示为

$$e_t = \sum_{i=1}^{n} Q_t I_t^i \tag{4-43}$$

其中，I_t^i 为指数函数，表示在第 t 次迭代时，基分类器的输出结果 $d_t(x_i)$ 与实际的样本输出类别 y_i 是否相等，当两者相等时，I_t^i 为 0，否则为 1。根据广义加法模型和指数损失函数，我们可以推导出基分类器的权重计算公式以及样本权重更新公式分别为：

$$\delta_t = \lg\left(\frac{1-e_t}{e_t}\right) \tag{4-44}$$

$$Q_{t+1}(i) = \frac{Q_t(i)\exp(-y_i d_t(x_i)\delta_t)}{Z_t} \tag{4-45}$$

其中，$Z_t = \sum_{i=1}^{n} w_t(i)\exp(-y_i d_t(x_i)\delta_t)$ 表示归一化因子。AdaBoost 算法将这些弱分类器通过加权线性组合的方式组合起来，加权组合的方式能够降低那些错误率过高的分类器中的"话语权"。通常来说，这些弱分类器都是非线性的深度很小的决策树，这样能够节省大量的计算时间。强分类器的计算公式如下：

$$D(x) = \text{sign}\left(\sum_{t=1}^{T} \delta_t d_t(x)\right) \tag{4-46}$$

(3) GBDT(gradient boosting decision tree)

GBDT 算法是由美国科学家 Friedman 于 2001 年[15] 提出的一种集成式机器学习算法。假设 $A = \{x_1, x_2, \cdots, x_n\}$ 代表自变量，$B = \{y_i\}, i = 1, 2, \cdots, n$ 代表因变量。对于一个给定的数据集，通过映射函数 $f(x)$，将数据集 A 中的变量集映射到 B 上，该映射函数与真实函数的差值由损失函数 $L(y, f(x))$ 表示，当损失函数的值最小时，模型达到最优。

首先初始化映射函数 $f^*(x)$：

$$f^*(x) = \arg\min \sum_{i=1}^{n} L(y_i, \delta) \tag{4-47}$$

根据 GBDT 算法原理，损失函数下降的方向就是梯度下降的方向。因为沿着该方向，损失函数的变化最为明显，以便能够最快地得到性能较好的预测模型。损失函数的负梯度值近似于残差，其定义为

$$r_{im} = -\left[\partial L(y_i, f^*(x_i))/\partial f^*(x_i)\right]_{f^*(x) = f_{m-1}^*(x)} \tag{4-48}$$

然后，对上述公式得到的伪残差匹配一个基分类器 $g_m(x)$，该函数包括了分类器中各种参数，并采用训练集 $\{(x_i, r_{im})\}_{i=1}^{n}$ 对其进行训练，以便得到更小的残差。展开系数 δ_m 通过优化下列问题得出：

残差系数 y_m 的计算公式

$$y_m = \arg\min \sum_{i=1}^{n} L(y_i, f_{m-1}^*(x_i) + \delta g_m(x_i)) \tag{4-49}$$

经过 $m=1,2,\cdots,M$ 迭代之后,得出优化之后的预测函数为

$$f_m^*(x) = f_{m-1}^*(x) + \delta_m g_m(x) \tag{4-50}$$

其中,GBDT 算法主要包括的参数有:学习率、树的深度以及迭代次数。根据以往的计算经验,较小的学习率能够节省模型的计算时间;迭代次数越小发生过拟合情况的概率就越小;树的深度则根据实际情况进行调整,并不是主要影响模型性能的参数[16-17]。以上算法将回归树模型和提升树模型结合起来,对于损失函数是其他函数的情况,则对导数取零来获得输出值。

若将梯度提升算法用于预测分类问题,那么输出是离散的,因此无法直接获得输出向量与拟合向量之间的误差。为了解决这个问题,我们可以采用两种方法:一种方法是采用指数损失函数[18],另一种方法是利用对数似然函数作为损失函数。无论是哪种方法,都是通过损失函数从而使得预测的拟合变为预测概率值的拟合误差。对于损失函数是对数似然函数的情况,又可以将分类问题划分为二元分类问题和多元分类问题。

4.4　社交媒体大数据智能情感分析框架

舆情情感演化模型的构建,旨在精准模拟大规模网络舆情的情感演化过程,掌握群体的情感演化特征与规律,辅助政府部门快速形成有效的舆情应对机制。由于 4.2 节中 BERT 在预训练阶段缺少情感语料的训练,导致其执行情感分类任务时表现欠佳。因此,本节为 BERT 制定了新的预训练任务,引入了改进的预训练语料集 $TB=\{TB_i | i \in \{1,2,\cdots,M\}\}$,即在原有中文维基百科语料的基础上,加入新浪微博公开标注情感语料集,以期模型能够学习更多的情感信息;同时,引入公开的新浪微博标注集和少量特定事件的情感标注集 TW 作为 BERT 深度预训练语料;最后,定义 $TC=\{TC_i | i \in \{1,2,\cdots,M\}\}$ 为特定事件的情感分类任务语料集。改进的 fdaBERT 舆情情感演化模型如图 4-9 所示。该模型的具体步骤如下:

Step1　数据获取与预处理。通过网络爬虫技术对微博舆情语料库进行爬取,获取与特定突发公共事件相关的舆情数据。通过格式转换、去除停用词和分词等对其进行预处理,形成情感语料词典,每个词对应一个唯一的索引。

Step2　文本向量化与 LDA 模型训练。语料集 TB 输入 BERT 预训练模型后,每个词被映射成一个词向量 $\mathbf{TB}_{ij}(\omega+\delta+\rho)$;然后,将其输入到 LDA 模型辅助训练主题向量 $\boldsymbol{\mu}$,经过迭代计算后得到更优的主题结果 $\boldsymbol{\mu}'$,即演化计算出最优主题及不同"主题-词"的概率分布,得到融合主题向量的词向量 $\mathbf{TB}_{ij}(\omega+\delta+\rho+\mu')$。

Step3　构建 BERT 情感分类器。将 Step 2 输出的特征向量 $\mathbf{TB}_{ij}(\omega+\delta+\rho+\mu')$ 传入双向 Transformer 编码器,再构建单层神经网络连接 Transformer 中 [CLS] 对应的输出向量作为分类器,用于执行情感分类(sentiment classification,SC)任务,同时保留了 MLM 和 NSP 任务,分别连接在 [MASK] 和 [CLS] 对应的输

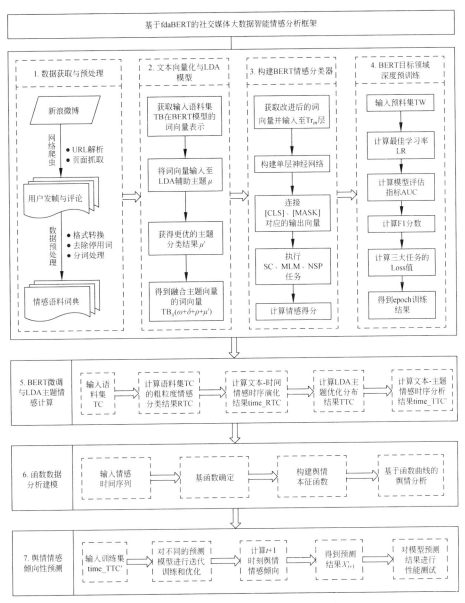

图 4-9　社交媒体大数据智能情感分析框架

出向量。

　　Step4　BERT 目标领域深度预训练。在 Step 3 构建的神经网络中,输入语料集 TW,设置初始学习率 LR、批量大小、dropout 率和 epoch 训练次数。为了在训练过程中避免过拟合现象,采用 Adam 优化算法[19]寻找最佳学习率 LR,并使用 AUC 值作为检验 epoch 模型评估效果的指标,采用 F1 分数寻找正、负情感分类的最佳阈值,再将 MLM、NSP、SC 三个任务的损失和[19]作为深度预训练模型的损失

函数,即

$$Loss = \lambda_1 Loss_{MLM} + \lambda_2 Loss_{NSP} + \lambda_3 Loss_{SC} \tag{4-51}$$

式中,λ 为三个任务对应的权重分配。最后输出 epoch 训练结果。

Step 5　BERT 微调与 LDA 主题情感计算。首先,将 Step 4 深度预训练模型中的 epoch 训练结果迁移到微调模型中,输入语料集 TC 并计算每个文档 TC_i 的情感值 $E(TC_i)$,根据情感分类阈值将其转化为相应的情感极性 $E'(TC_i)$,得到粗粒度情感分类结果 RTC:

$$RTC = (MnEpos(TC_i), MnEneg(TC_i), E'pos(TC_i), E'neg(TC_i)) \tag{4-52}$$

式中,$MnEpos(TC_i)$ 为正向情感均值; $MnEneg(TC_i)$ 为负向情感均值; $E'pos(TC_i)$ 为正向情感文本数; $E'neg(TC_i)$ 为负向情感文本数。其次,将 RTC 整合到时间序列文本集 TC_time,即

$$TC\_time = \{(TC_1, time_1), (TC_2, time_2), \cdots, (TC_M, time_C)\} \tag{4-53}$$

式中,time 含 C 个时间片,可得到粗粒度的"文本-时间"情感时序演化结果 time_RTC 为

$$time\_RTC = \{time\_RTC_1, time\_RTC_2, \cdots, time\_RTC_q\} \tag{4-54}$$

再次,将语料集 TC 输入优化后的 LDA 主题模型中进行迭代计算,得到 l 个最优主题数下"主题-词"对应的文档分布 TTC 为

$$TTC = \{(TC_1, l_1), (TC_2, l_2), \cdots, (TC_M, l_l)\} \tag{4-55}$$

最后,将 TTC 与粗粒度情感分类结果 RTC 相结合,得到"主题-词"的情感分布结果 TTC′,并将其整合到时间序列文本集 TC_time 中,得到细粒度的"文本-主题"情感时序分析结果 time_TTC′ 为

$$time\_TTC' = \{time\_TTC'_1, time\_TTC'_2, \cdots, time\_TTC'_q\} \tag{4-56}$$

Step 6　函数数据分析模型。函数数据分析[20]作为一种非参数化方法,它被广泛应用于回归、时间序列分析和曲线判别[21-22]。通过计算机输入和对拟合曲线的交互修改,可以达到描述的目的。不同性质的多项式基函数可以用来表示同一条曲线。在该步骤中,我们根据人机交互和数据挖掘的特点,选择了伯恩斯坦基函数。

伯恩斯坦基函数除了具有良好的归一化、对称性、递归性和分段性外,还具有凸包性质。一个点集的凸包被定义为由该点集的元素组成的所有凸组合的集合。用伯恩斯坦基函数拟合曲线的凸包特性意味着曲线总是位于其控制顶点的凸包中(见图 4-10)。

由此,我们构建的情绪函数曲线为

$$\hat{Y}(t) = \sum_{j=0}^{m} \hat{\beta}_j B_{j,m}(t) + \varepsilon(t) \tag{4-57}$$

其中,$Y(t)(0 \leqslant t \leqslant 1)$ 为情绪的时间序列表示;$\hat{\beta}_j(j=0,1,\cdots,m)$ 为控制顶点的估计量;$B_{j,m}(t)$ 表示伯恩斯坦基函数;$\varepsilon(t)$ 表示误差项,即 $e(t) = Y(t) - \hat{Y}(t)$。假设 $\varepsilon(t) \sim N(0, \sigma^2)$ 和 $cov[\varepsilon(t_1), \varepsilon(t_2)] = 0$ 且 $t_1 \neq t_2$,则可以进一步利用所构造曲

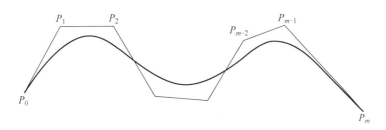

图 4-10　伯恩斯坦基函数凸包图

线的性质来分析该现象的发展规律。

利用最小二乘法来确定拟合的网络舆情曲线,则可得

$$\hat{Y}(t_i) = \sum_{j=0}^{m} \hat{\beta}_j B_{j,m}(t), \quad i = 0,1,\cdots,n \tag{4-58}$$

此外,我们还可以计算出情绪变化曲线的一阶导数为

$$y' = \frac{\partial \hat{Y}(t)}{\partial t} = \sum_{j=0}^{m} \hat{\beta}_j \left[\frac{tm-j}{t(t-1)} \right] B_{j,m}(t) \tag{4-59}$$

由此,以舆情时间序列为输入,采用交叉验证(cross validation,CV)估计基函数的数量,采用最小二乘法得到模型的待定系数,进一步建立了情感本征函数。最后,我们得到了基于函数曲线的情绪演化结果。

Step 7　舆情情感倾向性预测。首先将 Step 5 所求取的"文本-主题"情感时序分析结果 time_TTC′ 作为模型的训练集,并基于训练集对自回归(AR)模型、ARMA 模型、支持向量回归(SVR)模型、随机森林(RF)模型、梯度推进决策树(GBDT)模型和 Adaboost 模型进行迭代优化,直到损失函数达到最小并得到最优鲁棒模型;在训练集中划分 10% 的数据作为验证集,并在验证集中对该模型进行反复验证,得到最优超参数组合;然后,合并训练集和验证集,采用 5 折交叉验证法选择最优模型预测 $t+1$ 时刻的舆情情感倾向,并将预测结果 X'_{t+1} 作为测试数据;最后,通过计算模型的平均绝对误差(mean absolute error,MAE)、均方误差(mean square error,MSE)、均方根误差(root mean square error,RMSE)和中值误差(median error,MdE)来评估其预测性能。

4.5　本章小结

本章旨在阐述社交媒体大数据智能情感分析的全流程建模,并在 4.1 节～4.3 节分别介绍了社交媒体大数据主题分析、情感分析和情感预测三大重要模块的建模过程。在 4.1 节中,首先阐述了社交媒体大数据主题建模的基本原理与算法优势,并根据现有的 LDA 模型,加入了高斯函数对主题模型进行改进;在 4.2 节中,构建了 RAE 深度学习情感分类模型,并将 4.1 节改进 LDA 模型的优化结果嵌入至 BERT 模型中,构建改进的 BERT 预训练模型,用于执行各类下游自然语言处理任务,同时从多维视角实现主题情感的细粒度情感分类任务。4.3 节构建了基于计量经济学和机器学习的情感预测模型,通过对 4.1 节和 4.2 节的主题情感分析结果进行数据建模,以期预测和研判突发公共事件舆情的演化过程和趋势,为政府及有关部门部署和制定舆情应对方案提供数据支撑。通过对 4.1 节~4.3 节模型算法的整合和优化,构建了 4.4 节的社交媒体大数据智能情感分析框架,并详细介绍了构建的流程和步骤,为第 5 章的社会热点事件的实例分析提供了模型理论基础。

参考文献

[1] PAPADIMITROU C H,RAGHAVAN P,TAMAKI H,et al. Latent semantic indexing:A probabilistic analysis[J].Journal of Computer and System Sciences,2000,61(2):217-235.

[2] HOFMANN T. Probabilistic latent semantic indexing[C]//Proceedings of the 22nd annual international ACM SIGIR conference on Research and development in information retrieval,1999:50-57.

[3] BLEI D M,NG A Y,JORDAN M I. Latent dirichlet allocation[J]. Journal of machine Learning research,2003,3(1):993-1022.

[4] 曾嘉,严建峰,龚声蓉.复杂文本网数据的主题建模进展[J].计算机学报,2012,35(12):2431-2445.

[5] 丁轶群.基于概率生成模型的文本主题建模及其应用[D].杭州:浙江大学,2010.

[6] SOCHER R, PENNINGTON J, HUANG E H, et al. Semi. supervised recursive autoencoders for predicting sentiment distributions[C]// Conference on Empirical Methods in Natural Language Processing,2011:151-161.

[7] DEVLIN J,CHANG M W, LEE K, et al. BERT: Pre-training of Deep Bidirectional Transformers for Language Understanding[C]//NAACL-HLT,2019.

[8] 杨飘,董文永.基于 BERT 嵌入的中文命名实体识别方法[J].计算机工程,2020,46(4):40-45,52.

[9] 刘钊,夏鸿斌.基于 ARMA 模型预测的交换机流表更新算法[J].计算机工程与应用,2020,56(7):122-129.

[10] BOX G E P,JENKINS G M, REINSEL G C. Time Series Analysis:Forecasting and Control (Revised Edition)[J].Journal of Marketing Research,1994,14(2):199-201.

[11] GEORGE E P B,GWILYM M J. Time Series Analysis:Forecasting And Control[M].Hoboken:John Wiley &Sons Inc.,2008.

[12] AKAIKE H. A New Look at the Statistical Model Identification [M]. New York:Springer,1974.

[13] VAPNIK V, GOLOWICH S, SMOLA A. Support vector method for function approximation,regression estimation and signal processing [J]. Advances in neural information processing systems,2008,9:281-287.

[14] KISI O. Wavelet regression model for short-term streamflow forecasting[J]. Journal of

Hydrology,2010,389(3-4):344-353.

[15] MOHAMMADI K,ESLAMI H R,KAHAWITA R. Parameter estimation of an ARMA model for river flow forecasting using goal programming[J]. Journal of Hydrology,2006, 331(1-2):293-299.

[16] KARTHIKEYAN L,KUMAR D N. Predictability of nonstationary time series using wavelet and EMD based ARMA models[J]. Journal of Hydrology,2013,502:103-119.

[17] BAI Y,CHEN Z,XIE J,et al. Daily reservoir inflow forecasting using multiscale deep feature learning with hybrid models[J]. Journal of Hydrology,2016,532:193-206.

[18] KARTHIKEYAN L,KUMAR D N. Predictability of nonstationary time series using wavelet and EMD based ARMA models[J]. Journal of Hydrology,2013,502:103-119.

[19] HOSSEINI S,AZGOMI M A. A model for malware propagation in scale-free networks based on rumor spreading process[J]. Computer Networks,2016,108:97-107.

[20] WANG J L,CHIOU J M,MULLER H G. Functional data analysis[J]. Annual Review of Statistics and Its Application,2016,3:257-295.

[21] SLAOUI Y. Recursive nonparametric regression estimation for independent functional data[J]. Statistica Sinica,2020,30(1):417-437.

[22] ZHANG C,KOKOSZKA P,PETERSEN A. Wasserstein autoregressive models for density time series[J]. Journal of Time Series Analysis,2022,43(1):30-52.

第5章

基于社会热点事件的实例分析

5.1 "魏则西事件"的社交媒体大数据情感分析全流程建模

5.1.1 "魏则西事件"的案例选择与描述

2016 年 3 月 30 日,关于武警二院和百度搜索的内容引发网民广泛关注。2016 年 4 月 12 日魏则西不幸病逝,在一则"魏则西怎么样了?"的知乎帖下,其父亲用魏则西的知乎账号回复称:我是魏则西的父亲魏海全,则西今天早上八点十七分去世,我和他妈妈谢谢广大知友对则西的关爱,希望大家关爱生命,热爱生活。引发网民关注。5 月 1 日开始,以《青年魏则西之死》为主的文章在网络中疯狂流传,舆情开始沸腾。随后,《魏则西怎么样了?》《你认为人性最大的恶是什么?》等帖子被舆论广泛关注,将"百度竞价推广""涉事医院科室肆意外包""莆田系的民营医疗发家之路"等多个社会乱象赤裸裸地公布在民众面前,舆情持续沸腾。

在魏则西事件中,研究人员对魏则西事件进行持续跟踪分析时,将"魏则西事件"网络舆情传播划分为四个阶段,即萌芽期、成长期、成熟期、衰退期,具体传播特点及内容[1]见表 5-1。

表 5-1　"魏则西事件"舆情传播四阶段

传播阶段	传播特点及内容
萌芽期	2016 年 4 月 27 日—4 月 30 日为"魏则西事件"舆情的萌芽期。通过百度和新浪微博检索共得到 3132 条网页和 19 415 条微博信息。萌芽期的"魏则西事件"舆情呈现出无序性、分散性、浮动性等特征,舆情关注热度波动不定,网络能量缓慢集聚
成长期	2016 年 5 月 1 日—5 月 2 日为"魏则西事件"舆情的成长期。百度和新浪共搜索得到 911 095 条网页和 243 036 条微博信息。成长期的"魏则西事件"舆情开始向聚集、有序转变,并在短时间内突然爆发,关注度极速增长
成熟期	2016 年 5 月 3 日—5 月 6 日为"魏则西事件"舆情的成熟期。百度和新浪共搜索得到 2 093 802 条网页和 436 984 条微博信息。成熟期的"魏则西事件"舆情关注热度趋于稳定且高度集中
衰退期	2016 年 5 月 7 日—5 月 12 日为"魏则西事件"舆情的衰退期。这一时期,媒体相关报道接近消失,致因逐渐消除、关注热度缓慢降低、集中度逐渐分散。10 日以后,"魏则西事件"网络舆情微博关注度明显减少

从表 5-1 中可看出,"魏则西事件"从 4 月 27 日逐渐引起网民关注,在随后三天内就达到了高峰,表明"魏则西事件"舆情传播非常迅速、舆情影响力巨大;随后,该事件被持续关注长达一周左右,5 月 7 日后该事件的影响力慢慢减退,网民的关注点开始转移。

为什么"魏则西事件"会引起民众广泛的关注? 有关专家表示该舆情的核心燃点在于百度公信力与百度竞价推广形成的巨大舆论反差。在当今中国,百度已经是网民最为常用和信任的搜索引擎,但是百度竟然为虚假医疗做推广,这种巨大的信任反差势必会引发巨大的舆论,进而点燃公众的情绪怒火。此外,"魏则西事件"舆情持续沸腾的另一原因在于公众对军队医院的信任反差。通常,医院在公众认知中是以治病救人为己任,但"魏则西事件"爆发后,公众发现一家拥有三甲资质的军队医院竟可以随意外包其科室,这种巨大的信任反差进一步激发了民众的怒火,形成了空前强大的网络舆情[2]。

此外,对该舆情相关的高频词进行统计分析后的结果显示,该舆情前期的高频词依次为"百度、事件、莆田、国家、医院、滑膜肉瘤",而在 5 月 6 日,高频词变化为"事件、百度、莆田、医院、滑膜肉瘤、武警"等,从中能剖析得到两点结论:

一是,民众对百度的关注程度开始下降,对事件关注程度持续上升。伴随着媒体对该事件的报告,民众了解该事件的始末,民众情感逐渐回归理性,能够客观地对待百度在这事件中的作用,同时也可以看出百度先后三次的危机公关处理取得了不错的效果。

二是,莆田、医院、滑膜肉瘤一直是民众关注的主体。事件主体的涉事医院与死亡原因一直是网民讨论的焦点。

当前,对"魏则西事件"的舆情研究大多是专家从舆情传播的角度进行的,侧重于分析其舆情产生原因、传播路径、舆情爆发点、舆情关注点转换等,而本案例试图从网民评论角度出发,利用第 4 章构建的社交媒体大数据智能情感分析模型对舆情文本数据进行分析,从而发掘"魏则西事件"舆情信息,以此来精准和全面把控"魏则西事件"舆情。

5.1.2 "魏则西事件"的数据收集与预处理

为了获取"魏则西事件"的舆情评论数据,本案例以"魏则西"为搜索关键词,抓取了天涯论坛中有关"魏则西事件"的网页 750 个,通过对网页进行清洗操作,提取出了网页中帖子正文和评论文本。其中,将所得到的 14 630 条评论作为文本测试集 AD,评论发布的时间范围为 2016 年 4 月 30 日—5 月 13 日。随后在 NLPCC 2014 等 26 400 条训练数据的基础上加入 10 000 条人工标注的无情感数据,并随机抽取 2500 条"魏则西事件"评论数据,将得到的数据集作为文本训练集 TD;在来自新浪新闻、网易新闻共 12 000 余篇新闻语料集的词向量模型语料集基础上,加入"魏则西事件"帖子正文和评论文本构建语料集 Y。在构建文本训练集 TD、文本测试集 AD、语料集 Y 后,按照舆情文本预处理流程,进行文本过滤、中文分词、停用词过滤、词语向量化操作。其中在文本过滤操作中,设定最小文本长度 length=8;在中文分词操作中,将"魏则西事件"中相关的人名、机构名加入用户词典 user_dict 中,如"魏则西""武警医院""滑膜肉瘤"等词语;在词语向量化操作中,设定 CBOW 的上下文窗口 $q=5$、迭代次数 $e=10$、词向量维度 $m=300$。经过舆情文本预处理操作后得到 13 199 条文本测试集 AFS、文本训练集 TFS 和词语字典 w2v_dict。

5.1.3 "魏则西事件"的情感分析结果

将经过舆情数据预处理后得到的 AFS、TFS 和 w2v_dict 作为模型输入,再对其进行基于特征增强深度学习的多维度舆情分析。首先对文本训练集 TFS 进行人工情感标注,将文本标注为正向、中立、负向;然后,通过基于增强特征提取深度学习的多维主题情感分类算法提取多维主题情感分类;最后,通过计算得到文本情感数据 SC。对 SC 进行统计,得到如图 5-1 所示的情感倾向整体分布图。

从图 5-1 中可以看出,"魏则西事件"的正面情感倾向评论数量只占有全部评论的 1%,而负面情感倾向评论占有 59%。悬殊的比例差距说明网民对于"魏则西事件"多是抱着消极、批判的态度。

5.1.4 "魏则西事件"的主题建模结果

为了进一步剖析舆情评论数据的主题情感分布,我们对"魏则西事件"2015 年 4 月 30 日—5 月 13 日的 13 199 条文本测试集 AFS 进行主题分类,并通过 Python 语言编写 LDA 模型代码。将 LDA 不同的主题数通过算法迭代计算,所得到的迭代结果如表 5-2 所示。

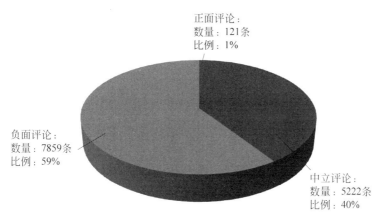

正面评论：
数量：121条
比例：1%

负面评论：
数量：7859条
比例：59%

中立评论：
数量：5222条
比例：40%

图 5-1　整体情感倾向分布图（见文后彩图）

表 5-2　LDA 模型主题数迭代表

主题数	第 1 类	第 2 类	第 3 类	第 4 类	第 5 类	第 6 类	第 7 类	平均相似度
7	中国	医院	医院	医院	医院	莆田系	百度	0.88
5	没有	莆田	医院	百度	医院			0.86
4	医院	百度	中国	医院				0.72
3	百度	医院	医院					0.93

从表 5-2 中看出，主题数为 4 时其主题相似度最小，因此将 LDA 的主题数量选为 4，此时 LDA 模型的"主题-关键词"对应情况如表 5-3 所示。

表 5-3　"主题-关键词"对应情况

	关键词 1	关键词 2	关键词 3	关键词 4	关键词 5	关键词 6	关键词 7	关键词 8	关键词 9
主题 1	医院	莆田系	医疗	民营	承包	军队	武警	骗子	监管
主题 2	医院	医生	治疗	患者	现在	钱	没有	做	给
主题 3	中国	社会	国家	问题	百度	监管	楼主	烂	希望
主题 4	百度	谷歌	广告	搜索	魏则西	责任	推广	中国	信息

表 5-3 分别展示了 4 个主题出现概率最高的 9 个关键词，其中主题 1 是与莆田系医院、武警二医院相关的主题，因此将主题 1 命名为"莆田系医院"；主题 2 中出现概率最高的词语是医院，与主题 1 相同，综合考虑主题 2 中的关键词，该主题主要表达的是广义上的医院和医患关系，既包括公立医院也包括民营医院，因此将主题 2 命名为"医院医生"；主题 3 中的关键字与中国社会问题、社会监管等方面相关，因此将主题 3 命名为"中国社会"；主题 4 中的关键词显然与百度、百度推广、广告等传播渠道相关，因此将主题 4 命名为"百度"。

5.1.5　"魏则西事件"以主题建模为基础的情感分析结果

同时，通过 LDA 模型还得到了每个评论所对应这 4 个主题的概率，若对每个评论都选取概率最高的主题,则可通过计算得到主题文本情感集 TSC,进而得到如图 5-2 所示的主题数量分布图和如图 5-3 所示的主题情感倾向分布图。

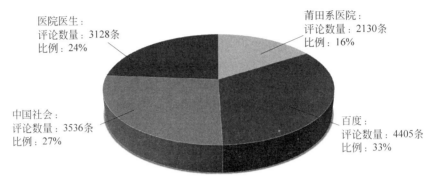

图 5-2　主题数量分布图(见文后彩图)

由图 5-2 可以看出,评论数量最多的主题是"百度"这一主题,占所有评论的 33%;其次是"中国社会"和"医院医生"主题,由于"医院医生"这一主题部分包含了"莆田系医院"这一主题,因此"莆田系医院"这一主题的实际评论数量多于图中显示的"莆田系医院"主题的评论数量;综合而言,从网络评论主题分布可分析出网民的舆情关注点主要集中于百度和莆田系医院两方,认为百度和莆田系医院是造成"魏则西事件"的主要相关单位。

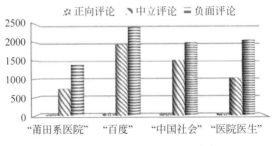

图 5-3　主题的情感倾向数量分布图

从图 5-3 可见,在 14 天中对 4 个主题的消极评论远远多于对它们的积极评论和中立评论,说明网民对于这四个主题都带有批判、否定的情感,其中"莆田医院"和"医院医生"的消极评论率较高,分别达到 65.3% 和 58.2%,"百度"和"中国社会"的消极评论率较低,分别达到 54% 和 56%。这一数据表明,莆田医院这一罪魁祸首受到网民的批判最多,而关于百度的评论虽然最多,但是其消极评论率在四个主题中却最低。

5.1.6　"魏则西事件"以情感分类为基础的情感预测结果

为了预测并验证基于时间序列的舆情情感倾向分析算法的可行性,本文将"魏则西事件"在 2016 年 4 月 30 日—5 月 13 日这 14 天的 13 199 条经过预处理的数据通过 Eviews 进行时间序列分析,同时将文本情感集 SC 和主题文本情感集 TSC 输入模型,并通过调试 AR 和 MA 的阶数来寻找最优模型。所得到的时间序列模型见表 5-4,评论数量时序变化图如图 5-4 所示。

表 5-4　时间序列模型

	估 计 方 程	取 代 系 数	检 验 量
评论数量时间序列	TEST1=0+[AR(2)=C(1),MA(3)=C(2)]	TEST1=0+[AR(2)=0.632688721173,MA(3)=.968658283553]	R2=0.89 DW=2.3
正向情感时间序列	POS=0+[AR(2)=C(1),MA(3)=C(2),BACKCAST=2,ESTSMPL="2 13"]	POS=0+[AR(2)=0.676015875644,MA(3)=.912837129348,BACKCAST=2,ESTSMPL="2 13"]	R2=0.56 DW=2.28
中立情感时间序列	MED=0+[AR(2)=C(1),MA(3)=C(2),BACKCAST=2,ESTSMPL="2 13"]	MED=0+[AR(2)=0.631885106686,MA(3)=.954832378958,BACKCAST=2,ESTSMPL="2 13"]	R2=0.8 DW=2.16
负向情感时间序列	NEG=0+[AR(2)=C(1),MA(3)=C(2),BACKCAST=2,ESTSMPL="2 13"]	NEG=0+[AR(2)=0.631616078381,MA(3)=.97747487213,BACKCAST=2,ESTSMPL="2 13"]	R2=0.93 DW=2.5

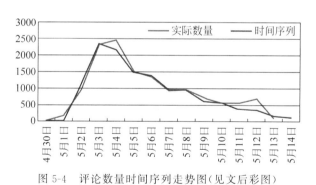

图 5-4　评论数量时间序列走势图(见文后彩图)

从图 5-4 中可明显看出整个"魏则西事件"的发展状况:4 月 30 日—5 月 1 日,随着《医疗竞价排名,一种邪恶的广告模式》《魏则西的死,百度经年累月的恶》等热传文章的出现,"魏则西事件"得到广泛的关注,因此从 5 月 1 日起网民的评论数据急剧上升,说明该事件具有广大的影响力;随后,5 月 2 日国家网信办会同国家工商总局、国家卫生计生委成立联合调查组进驻百度公司,5 月 3 日国家卫计委、中央军委联合调查武警北京第二医院,5 月 4 日在北京武警二院宣布停诊以及魏则西主治医生李志亮狂删微博后失联等一系列相关事件之后,网民的评论数据达到高峰,网民对该事件的关注度达到最高;5月4日之后随着相关事件的减少,该事件的关注度也随之减少,评论数量也逐渐减少,并且通过时间序列拟合情况可知,"魏则西事件"评论数量具有突出变化,在某个时间点的评论数据急剧增加或者减少,如5月4日和5月12日等时间点,根据时间序列预测,在5月14日将有103条评论,评论的实际数量为84条,预测效果较好。

在分析评论数量的走势之后,通过对不同情感倾向的评论数量进行时序分析,进一步分析舆情情感倾向变化。所得到的结果分别如图5-5～图5-7所示。

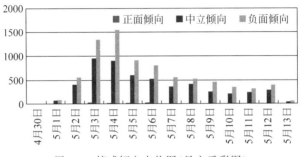

图 5-5　情感倾向走势图(见文后彩图)

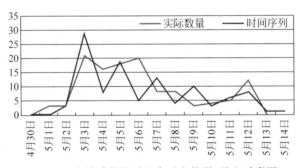

图 5-6　正向情感数量时间序列走势图(见文后彩图)

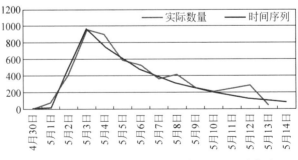

图 5-7　中立情感数量时间序列走势图(见文后彩图)

从预测趋势图5-6～图5-8中可以看出,网民对于"魏则西事件"一直持有消极态度,并且消极评论比例随时间先逐渐增大,在5月4日达到最高,为63%,随后随

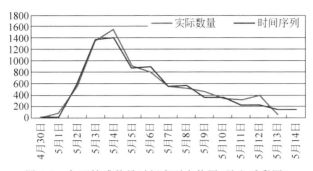

图 5-8　负面情感数量时间序列走势图(见文后彩图)

时间逐渐减少。从图 5-7～图 5-8 可看出,中立情感演变情况和负面情感演变情况基本相同,都是在 4 月 30 日—5 月 4 日这段时间内情感评论数量增加,并达到高峰,随后不断波动减小,最后趋于平缓。从时间序列预测来看,在 5 月 14 日负面情感评论将有 144 条,中立情感评论将有 77 条,与实际情况的 120 条和 60 条基本符合。

同时,为了对比四个主题的情感时序变化,本案例计算得到了四个主题下的时间情感倾向,经过统计分析和可视化展示得到如图 5-9～图 5-12 所示的四个主题时序情感倾向图。

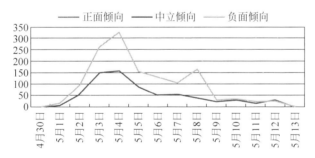

图 5-9　"莆田系医院"时间序列情感倾向分布(见文后彩图)

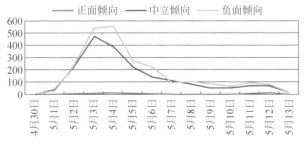

图 5-10　"百度"时间序列情感倾向分布(见文后彩图)

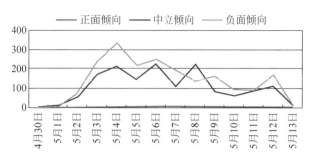

图 5-11　"中国社会"时间序列情感倾向分布(见文后彩图)

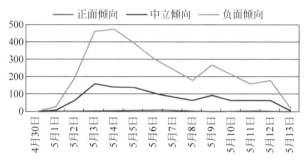

图 5-12　"医院医生"时间序列情感倾向分布(见文后彩图)

5.1.7　"魏则西事件"的社交媒体大数据情感分析讨论

本案例对"魏则西事件"的社交媒体文本数据进行了多维度舆情分析,从部分数据分析得到了该事件的舆情情感总体分布、发展趋势以及各主题下舆情情感的分布和发展趋势。从中我们可以得出以下几点结论:

1. 舆情传播解析

通过对"魏则西事件"评论数量的统计和分析,可将"魏则西事件"舆情分为以下 4 个传播阶段:

(1) 萌芽期:由图 5-4 可以看出,"魏则西事件"舆情的萌芽期为 2016 年 4 月 30 日—5 月 1 日。在这期间天涯论坛相关帖子中大约有 147 条评论信息,在该阶段由于舆情尚未广泛传播,网民对于该事件的始末处于不清楚的状态,舆情的负向情感与中立情感相当。

(2) 爆发期:由图 5-4 可以看出,"魏则西事件"舆情的爆发期为 2016 年 5 月 1 日—5 月 2 日。在该阶段,天涯论坛相关帖子中有 1129 条评论,是萌芽期的 10 倍。从图中可以明显看出,该阶段的评论数量呈直线上升。在该阶段,"魏则西事件"舆情传播呈现爆发性,关注热度快速增长。

(3) 高峰期:由图 5-4 可以看出,"魏则西事件"舆情的高峰期为 2016 年 5 月 3 日—5 月 4 日。在该阶段,共有相关评论 4804 条,占所有评论总数的 42%,表明"魏则西事件"舆情持续发酵并引起了高度的关注。

（4）衰退期：由图 5-4 可以看出，"魏则西事件"舆情在 2016 年 5 月 5 日开始呈现逐渐衰退的趋势。5 月 5 日的评论数量只占 5 月 4 日评论总量的 40%，表明"魏则西事件"舆情衰退极快，网民关注度明显减少。

2. 舆情情感解析

在本案例的舆情分析中，网民对"魏则西事件"的负面情感比例（59%）远大于正面情感比例（1%），表明该事件呈现出一种群体极化现象。而正是由于这种群体极化现象才使得该舆情得到广泛的传播和高度的关注。在对该事件的主题进行细致分析后可发现，该事件的主题比较明显和固定，如从表 5-3 中可以看出，这 4 类主题中主题词的重复度不高，可以很清晰地辨别各主题的内容。同时，根据随后的面向主题情感分类分析，可以得出以下几点结论：

（1）舆情聚焦点在"百度"。如图 5-2 所示，网民对于这 4 类主题中的"百度"这一主题的评论数量最多，占到 33%，表明网民舆情爆发点在"百度"。前文所述的许多专家分析认为"魏则西事件"舆情主要燃点在于百度的社会公信力与百度竞价排名推广形成了巨大的舆论反差这一观点，从图 5-2 中数据也可以得到印证。

（2）舆情主体具有扩散性。如图 5-2 所示，网民对这 4 类主题都有较高的关注度，而"魏则西事件"的主体为主题 1（莆田系医院）和主题 4（百度）。但从图中可以看出，对主题 2（医院医生）和主题 3（中国社会）的评论比例也占 51%，这表明在舆情传播中，"魏则西事件"的网络评论主题已经发生了扩散，从对"莆田系医院"这一事件主体扩散到中国社会、医院体系、医患关系等多个主体。

（3）各主题的负面情感居多。如图 5-3 所示，4 个主题的负面情感评论数量均多于正向情感评论数量和中立情感评论数量，其中"莆田系医院"和"医院医生"这两个主题的负面情感比例最大，说明网民对"魏则西事件"中涉事医院有较大的负面情感，对其批判较多。

（4）舆情情感态势随时间的发展呈现差异性。如图 5-9～图 5-12 中所示，在 14 天内"莆田系医院"和"医院医生"这两个主题评论的负面倾向一直远高于其中立倾向和正向倾向，说明网民对于莆田医院和某些公立、民营医院持有非常消极的情感；而对于百度和百度推广相关的主题，网民的情感随时间逐渐发生变化，从最初的非常消极、批判的态度居多逐渐转变为中立倾向和负面倾向持平。这说明随着时间推移，网民对于"魏则西事件"认识也在不断加深，并逐步改变其情感倾向。

5.2 "疫苗接种情绪"的社交媒体大数据情感分析全流程建模

5.2.1 "疫苗接种情绪"的案例选择与描述

根据中国国家卫健委公布的数据，截至 2021 年 6 月 4 日，中国累计报告接种新冠病毒疫苗 33.8 亿剂次,完成全程接种的人数为 12.5 亿人[3]。2021 年以来,我国通过大规模接种新冠疫苗,初步建立国民免疫屏障,并步入常态化疫情防控的第三阶段[4]。尽管较高的疫苗接种率在降低突破性感染的重症方面有显著成效,但有证据表明,一剂、两剂疫苗在六个月后有效性会减弱,且新冠毒株可能变种频出[5]。这也意味着,即使接种疫苗的人在增加,绝大部分人仍然可能感染新冠病毒,儿童疫苗和第三剂疫苗加强针的接种是避免我国疫情再次反弹的关键因素。为避免出现疫苗接种初期我国公民"疫苗犹豫"的局面,我们必须迫切研究新冠疫苗在社交媒体上的讨论情况,了解群众对疫苗的情绪态度和接种意愿,从而更有针对性地加强科普宣传,使人们完全了解疫苗的安全性和有效性,进一步保障人们的身体健康。

众所周知,随着新冠疫情的发展和隔离政策的推行,新浪微博等社交媒体平台成为人们分享和表达对新冠疫苗意见的主要渠道[6],且群众对疫苗接种的态度受到社交媒体的广泛影响。因此,政府、公共卫生官员和决策者了解影响公众对新冠疫苗接种情绪的潜在驱动因素至关重要。在与新冠疫苗相关的研究中,使用社交媒体的大数据进行研究已成为最近学术界的一个新兴趋势。社交媒体提供了大量近乎实时且经济高效的内容,包括新闻、事件和公共评论等[7],已被广泛运用于健康相关问题和公共卫生危机的研究中[8-11]。这些工作的研究主要集中在疫苗接种的初期和中期,而不包括疫苗接种前和接种的后期,没有形成贯穿整个新冠疫情阶段人们对疫苗接种的情绪演化总体概览。此外,尽管情绪分析模型已得到广泛应用,但仍较少探讨导致公众情绪和疫苗接种态度转变的政策驱动因素。

为了填补这一空白,在本案例中,我们将研究自武汉市疫情防控指挥部于2020 年 1 月 23 日宣布武汉封城至 2022 年 1 月 23 日以来,新浪微博上关于新冠疫苗接种的公众讨论。这是首个研究从疫情暴发至疫情进入常态化阶段近两年大流行数据的项目。这一漫长的时间跨度将使我们不仅能够更全面地了解公众对新冠疫苗接种的讨论和关注,还能够识别大流行过程中情绪微妙的变化,并且能更准确地了解公众对不同时期出台的政策的反响和态度。此外,我们试图预测在疫情防控常态化阶段,公众对于疫苗接种的情绪演化和进展情况。这项研究所得到的情绪分析结果和预测结果,能为政策制定者缓解新冠疫苗接种犹豫不决问题提供可实施的建议。另外,这项研究的结果能为推广其他疫苗提供积极的意义。

5.2.2 "疫苗接种情绪"的数据收集与预处理

新浪微博诞生至今,一直是人们生活中重要的信息分享和交流平台。根据新浪微博数据中心发布的《2020 微博用户发展报告》,截止到 2020 年 9 月,微博月活用户达到历年来的峰值 5.23 亿。由于微博信息中包含了丰富的情感信息和热门主题,因此与新冠肺炎疫情相关的信息在传播过程中会对群众疫苗接种的意愿产生深刻的影响,故下面采用新浪微博数据作为数据源。

2020 年 1 月 23 日,武汉市疫情防控指挥部发布"武汉封城"消息,自此,疫情进入蔓延阶段,疫情话题讨论度逐渐增多。因此,本案例以新冠肺炎疫情为研究背景,以"新冠疫苗""新冠接种""疫苗接种"为搜索关键词,构建了基于 Python 的爬虫框架,收集了从 2020 年 1 月 23 日 0 时到 2022 年 1 月 23 日 24 时(总共 732 天)的新浪微博数据,共 2 597 823 条,数据包括微博用户名、微博内容和发表时间。为保证研究的客观性和代表性,对采集的数据进行清洗,包括检测与处理重复值与缺失值,针对广告、网站链接等无关信息进行手动过滤,以及将文本中的表情符号文本化。同时,将清洗后的 2 353 435 条有效数据按时间序列整合并对其进行函数平滑处理,用于进一步的文本分析。此外,本案例选择百度指数作为衡量公众关注度的指标(http://index.baidu.com)。百度指数是依托百度搜索引擎的数据共享平台,可以对网民的搜索信息、咨询信息等网络行为大数据进行整合,提供各时段被检索关键词在全国各地的网络关注度。因此,我们将"新冠疫苗"作为检索关键词,将这一时间段百度指数中公众的关注度与新浪微博中爬取的与新冠疫苗相关的发博量进行整合分析,结果如图 5-13 所示。

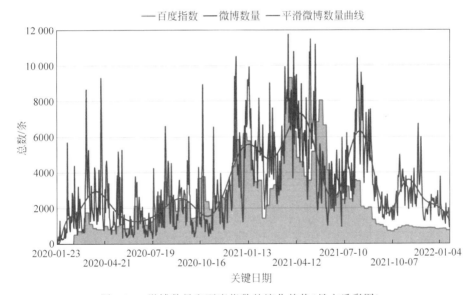

图 5-13　微博数量和百度指数的演化趋势(见文后彩图)

根据图 5-13 可以发现,百度指数中公众对于新冠疫苗的关注度与新浪微博中网民的发博趋势具有高度一致性。从 2020 年 11 月—2021 年 8 月,公众对于新冠疫苗的讨论和关注达到顶峰。结合具体事件可知,2020 年 11 月为国外新冠疫苗获批使用初期,公众的关注和讨论急剧上升,且随着国内新冠疫苗的上市,讨论的热度呈波浪式上升,直至 2021 年 8 月份,新冠疫苗获批在 3～17 岁在校生人群使用,讨论的热度再次急剧上升。

5.2.3 "疫苗接种情绪"的主题建模结果

结合时间序列的舆情演化分析有助于监管部门对突发事件进行精准预测和风险管控,从而实现高效的情报服务和应急管理[12]。有些研究人员将时间离散化为系列时间段以观测话题的动态演化,如王晰巍等[13]将突发事件分为形成期、扩散期、爆发期和终结期;安璐和吴林[14]将事件分为起始阶段、爆发阶段、衰退阶段和平息阶段,以此分析不同阶段下的主题——情感演化趋势。该方法能够从整体上了解话题发酵拐点和民众情感倾向。然而,已有的关于突发公共卫生事件时间序列的研究大多是在事件结束后根据整体态势进行划分的,时间单元颗粒较粗。本案例旨在探索微博网民对于新冠疫苗接种的情感主题特征与演化规律,根据事件的性质,拟采用月份作为时间单元,以便更好地观测突发公共卫生事件下舆情的发展走向。对每个月内的微博内容进行困惑度计算得到最佳主题聚类数目,从而得到有关新冠疫苗接种的每月交互话题数量。表 5-5 显示了与新冠疫苗相关的主题词分布和特征词提取结果。

表 5-5　特征词提取及主题分布的结果

时 间 单 元	话题编号	话 题 特 征 词	话 题 概 括
2020 年 1 月 23 日— 2020 年 2 月 23 日	1-1	浙江、抗体、第一批、动物、实验	浙江第一批疫苗已产生抗体,进入动物实验阶段
	1-2	治疗、血浆、抗体、临床、康复者	首批康复者血浆已用于临床治疗
	1-3	研究、药物、分离、筛选、毒株	中国 CDC 全球率先分离新冠病毒
	1-4	中国、说、加油、武汉、希望	中国武汉加油祝福语
	1-5	研发、推进、路线、最快、技术	中国新冠疫苗研发状况
	1-6	企业、病例、工作、新增、县市区	中国疫情发展态势
2020 年 2 月 24 日— 2020 年 3 月 23 日	2-1	研发、重组、院士、陈薇、临床试验	陈薇院士团队研制的重组新冠疫苗获批启动临床试验
	2-2	志愿者、注射、人体、试验、首批	中国新冠疫苗开始人体注射实验
	2-3	工作、国家、检测、抗疫、患者	中国各省市疫情防控政策
	2-4	中国、病例、确诊、国家	中国疫情发展态势
	2-5	美国、感染、全球、英国	疫情全球发展态势
2020 年 3 月 24 日— 2020 年 4 月 23 日	3-1	志愿者、接种、武汉、陈薇、二期、临床试验、获批	武汉志愿者接种新冠病毒疫苗,参与二期临床试验
	3-2	全球、国家、中国、病例、确诊	疫情全球发展态势
	3-3	动物、研究、灵长类、试验	中国披露全球首个新冠疫苗非人灵长类实验结果

续表

时 间 单 元	话题编号	话 题 特 征 词	话 题 概 括
2020 年 4 月 24 日—2020 年 5 月 23 日	4-1	美国、特朗普、疫情、总统、白宫	特朗普称白宫疫情已得到控制
	4-2	抗体、报告、临床试验、未、不良反应	中国疫苗在二期临床试验效果
	4-3	中国、临床试验、二期、研究、团队、实验、动物	中国疫苗研发进入二期临床试验阶段
	4-4	美股、大涨、市场、指数	美国股市状况
2020 年 5 月 24 日—2020 年 6 月 23 日	5-1	世卫、确诊、试验、新增、美国	疫情全球发展态势
	5-2	灭活疫苗、抗体、生物、中国、二期	中国生物两支灭活疫苗已纳入紧急使用范围
	5-3	市场、美国、指数、涨停	美国股市状况
2020 年 6 月 24 日—2020 年 7 月 23 日	6-1	美国、特朗普、世卫、全球、疫情	疫情全球发展态势
	6-2	国药、首个、临床试验、三期、海外	国药中生全球首个开展海外三期临床试验
	6-3	临床试验、陈薇、柳叶刀、抗体、一期	陈薇新冠疫苗一期临床试验结果发布于《柳叶刀》
	6-4	中国、临床试验、二期、陈薇、特异性	中国重组新冠疫苗二期临床试验结果公布
	6-5	生产、全球、车间、武汉、项目、落成	全球唯一新冠疫苗研发实验室和生产车间综合体在武汉落成
	6-6	科兴、灭活疫苗、中国、武汉、紧急	中国科兴疫苗率先获批紧急使用
	6-7	口罩、美国、强制	美国发布"口罩强制令"
	6-8	市场、黄金、美元、指数、上涨、原油	美国股市状况
2020 年 7 月 24 日—2020 年 8 月 23 日	7-1	俄罗斯、普京、国家、注册	俄罗斯首款新冠疫苗已获国家注册
	7-2	市场、黄金、经济、美元、风险	美国股市状况
	7-3	美国、特朗普、回应、福奇	福奇回应特朗普
	7-4	上市、预计、月底、价格、国药	中国国药集团称新冠疫苗预计 12 月底上市
	7-5	病例、毒株、确诊、印度	疫情全球发展态势
	7-6	世卫、全球、结束、团结	世卫希望两年之内结束新冠疫情

续表

时 间 单 元	话题编号	话 题 特 征 词	话 题 概 括
2020 年 8 月 24 日—2020 年 9 月 23 日	8-1	中国、灭活疫苗、紧急、阿联酋	阿联酋紧急批准使用中国新冠疫苗
	8-2	美国、特朗普、试验	美国特朗普指责 FDA 拖延疫苗试验
	8-3	国家、中国、稳定、关系、菅义伟	日本新首相菅义伟希望与中国建立稳定关系
	8-4	中国、疫苗、证明、世卫、有效	世卫首席科学家斯瓦米纳坦表示中国的新冠疫苗已被证明有效
2020 年 9 月 24 日—2020 年 10 月 23 日	9-1	不良反应、三期、临床试验、报告、科技部	中国四个疫苗进入三期临床实验阶段,未出现严重不良反应
	9-2	流感疫苗、世卫、建议	世卫组织建议 5 个群体接种流感疫苗
	9-3	中国、巴西、计划、志愿者	巴西志愿者自愿接种中国疫苗
	9-4	浙江、绍兴、紧急、对象、预约	浙江绍兴开放新冠疫苗紧急接种登记
2020 年 10 月 24 日—2020 年 11 月 23 日	10-1	美国、特朗普、梅拉尼娅、确诊、白宫	特朗普及夫人新冠病毒检测结果
	10-2	辉瑞、公司、研发、美国、有效性、临床试验	美国辉瑞公司宣布研发出的新冠疫苗有效性超过 90%
	10-3	黄金、市场、美元、反弹、指数、震荡	美国股市状况
	10-4	发生、变异、丹麦、警报	丹麦新冠病毒变异
	10-5	中国、研发、巴西、外交部、巴基斯坦、阿联酋、进展	中国外交部概括疫苗研发进展
2020 年 11 月 24 日—2020 年 12 月 23 日	11-1	美国、英国、岁、接种、辉瑞	90 岁英国女性成为辉瑞疫苗公众接种第一人
	11-2	生产、车间、中国、奠基、首个	中国首个 mRNA 新冠疫苗生产车间奠基
	11-3	确诊、新增、累计、死亡、检测	中国疫情发展态势
	11-4	英国、新冠、市场、南非、传染、伦敦	疫情全球发展态势
	11-5	不良反应、建议、人群、紧急、回应	国内外新冠疫苗接种不良反应的官方回应
2020 年 12 月 24 日—2021 年 1 月 23 日	12-1	英国、变异、病例、死亡	英国发现新冠病毒变异毒株
	12-2	防控、检测、感染、无症状、核酸	中国各省市疫情防控政策
	12-3	病毒、我国、保护、抗体、免疫	中国新冠疫苗科普
	12-4	中国、经济、全球、谣言、美国、拜登	美国乱局,美媒妄称中国借机扩大影响力
	12-5	接种、人群、重点、工作、预约	中国首批疫苗接种情况

续表

时 间 单 元	话题编号	话题特征词	话题概括
2021 年 1 月 24 日— 2021 年 2 月 23 日	13-1	国家、中国、全球、计划、提供、合作	中国向多国提供疫苗援助,促全球抗疫合作
	13-2	临床试验、应急、批准、灭活疫苗	中国应急批准 16 个新冠疫苗临床试验
	13-3	美国、全球、病例、死亡、确诊	全球疫情发展态势
	13-4	中国、首批、运抵、援助、国药、科兴、津巴布韦	中国援助的新冠疫苗抵达津巴布韦
	13-5	应急、春节、防控、车辆、健康码	中国各省市疫情防控政策
2021 年 2 月 24 日— 2021 年 3 月 23 日	14-1	研发、中国、病毒、上市、紧急、获批	中国重组新型冠状病毒疫苗获批紧急上市
	14-2	国家、中方、对话、合作、美方	中美高层战略对话
	14-3	阿斯利康、感染、研究、英国、抗体	阿斯利康疫苗引发不良反应
	14-4	香港、林郑月娥、市民、接种、鼓励	香港特首林郑月娥鼓励市民接种新冠疫苗
	14-5	美国、经济、市场、黄金	美国股市状况
	14-6	确诊、病例、新增、美国、累计、死亡	全球疫情发展态势
	14-7	中国、疫苗、运抵、科兴、哥伦比亚	中国新冠疫苗运抵哥伦比亚
	14-8	人群、三期、不良反应、效力、情况	中国疫苗第三期临床试验效果
2021 年 3 月 24 日— 2021 年 4 月 23 日	15-1	血栓、强生、亿剂、欧洲、交付	强生疫苗血栓风波
	15-2	免疫、变异、抗体、感染、疾病、建议	中国新冠疫苗科普
	15-3	印度、确诊、新增、检测、感染、核酸	全球疫情发展态势
	15-4	全球、美国、论坛、经济、发展、亚洲	博鳌亚洲论坛报告
	15-5	疫苗、新冠、打、说、疼	中国疫苗接种反应
	15-6	接种、疫情、预约、健康码	中国疫苗接种情况
2021 年 4 月 24 日— 2021 年 5 月 23 日	16-1	接种、健康码、防控	中国各省市疫苗接种工作开展
	16-2	印度、中国、变异、美国、病毒、国家	全球疫情发展态势
	16-3	中国、累计、万剂、病例、新增、报告	中国疫苗接种情况
	16-4	检测、防控、核酸、口罩、人员、地区	中国各省市疫情防控政策
	16-5	公司、生物、市场、板块、报告	中国医药生物公司年报

续表

时 间 单 元	话题编号	话题特征词	话 题 概 括
2021 年 5 月 24 日— 2021 年 6 月 23 日	17-1	接种、剂次、第一、预约	中国各省市疫苗接种工作开展
	17-2	变异、毒株、传播、印度、德尔塔	印度德尔塔变异毒株
	17-3	检测、确诊、核酸、防控	中国疫情发展态势
2021 年 6 月 24 日— 2021 年 7 月 23 日	18-1	变异、感染、毒株、德尔塔、专家	德尔塔变异毒株传播
	18-2	中国、灭活疫苗、获批、生物、国药	国药中生新冠疫苗正式获批在 3～17 岁人群使用
	18-3	防控、检测、健康码、核酸、接种、地区	中国各省市疫苗接种工作开展
	18-4	美国、病例、确诊、疫情、新增、英国	疫情全球发展态势
	18-5	接种、人群、岁、病毒、国家	中国疫苗接种情况
2021 年 7 月 24 日— 2021 年 8 月 23 日	19-1	疫苗、中国、抗疫、疫情、医生、打	中国疫苗接种情况
	19-2	防控、人员、检测、健康码、核酸、落实	中国各省市疫情防控政策
	19-3	病毒、美国、感染、变异、德尔塔、病例	疫情全球发展态势
	19-4	病例、确诊、检测、核酸、隔离、境外、新增、本土	中国疫情发展态势
	19-5	接种、病毒、岁、人群、学生	3～17 岁在校生疫苗接种工作开展
2021 年 8 月 24 日— 2021 年 9 月 23 日	20-1	接种、人数、病毒、岁、累计、次	中国疫苗接种情况
	20-2	变异、灭活疫苗、人群、德尔塔	德尔塔变异毒株传播
	20-3	美国、感染、病毒、丹麦	疫情全球发展态势
	20-4	美国、否决、加强、计划、辉瑞	美国 FDA 否决辉瑞加强针计划
	20-5	防控、核酸、检测、隔离、健康码、人员、口罩	中国各省市疫情防控政策
2021 年 9 月 24 日— 2021 年 10 月 23 日	21-1	防控、核酸、检测、健康码、接种	中国各省市疫苗接种工作开展
	21-2	美国、疫情、死亡、感染、死亡	疫情全球发展态势
	21-3	病毒、加强免疫、人群、启动、重点	中国重点人群新冠病毒疫苗加强免疫接种工作启动
	21-4	确诊、例、新增、累计、隔离、感染者、检测、阳性	中国疫情发展态势

续表

时 间 单 元	话题编号	话 题 特 征 词	话 题 概 括
2021 年 10 月 24 日—2021 年 11 月 23 日	22-1	累计、万剂、自治区	中国疫苗接种情况
	22-2	防控、学生、有序、学校、健康码	3～17 岁在校生疫苗接种工作开展
	22-3	防控、核酸、检测、口罩、健康码	中国各省市疫情防控政策
	22-4	岁、针、儿童、免疫	中国儿童疫苗接种
	22-5	中国、全球、吸入式、研发、抗体	康希诺生物全球首款吸入式新冠疫苗亮相

　　通过总结每个月的主题特征词可以观察到主题的演化,我们在 24 个月内总共得到了 128 个主题。值得注意的是,在整个研究过程中,有 9 个主题多次重复出现,表明公众经常提及和讨论这些主题。同时,标记这些主题出现的次数以观察主题的受欢迎程度。如果一个主题在一个月中出现一次,则标记为 1。因此,标记次数越多,说明主题的连续性越高;同样,单次标记的数量越大,说明主题的受欢迎程度就越高。部分主题的动态分布结果如图 5-14 所示。我们可以观察到,公众最关注的主题是"全球疫情发展态势",在整个研究期间重复出现了 14 次,表明公众对新冠肺炎疫苗的迫切需求与日益严重的疫情密切相关。"中国新冠疫苗研发状况"这一主题重复出现了 13 次,尤其是在新冠疫情的早期和中期,其在早期阶段的受欢迎程度超过了所有其他主题。特别是在 2020 年 1 月和 6 月,在 1 月时,公众

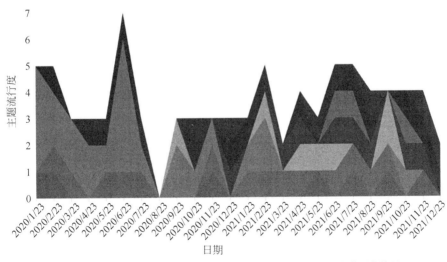

图 5-14　9 个最受欢迎的主题的动态分布(见文后彩图)

特别关注新冠肺炎疫苗的研发状况,这期间关于国内疫苗研发的好消息频传,引发了公众的热烈讨论。例如,中国疾病预防控制中心率先在世界各地分离出病毒株、浙江省研发的第一批疫苗已成功诱导抗体产生并进入动物试验阶段等。5个月后,我国多种疫苗的研发均取得了重大进展。例如,国药中生成为全球首家开展海外三期临床试验的公司、全球唯一新冠疫苗研发实验室和生产车间综合体在武汉落成、中国科兴疫苗率先获批紧急使用等,这些利好的消息吸引了公众强烈的关注。

"中国各省市疫情防控政策"和"中国疫苗接种情况"主题分别出现了9次和8次,这两个主题均出现在研究的中后期。随着我国新冠肺炎防控手段的日益成熟,各省市相继出台了核酸检测、溯源、隔离与控制、医疗、动态清零等与公众工作和日常生活密切相关的相关政策,因此引发了公众的关注与讨论。与此同时,随着我国政府向公众推广新冠疫苗,疫苗接种剂量也成为公众关注和讨论的话题之一。与此相关的"中国各省市疫苗接种工作开展"在中后期也出现了6次。此外,随着新冠病毒的不断变异和传播,在中晚期也出现了7次相关讨论。值得注意的是,除了图5-14中讨论的9个话题外,还有一些与国内新冠疫苗密切相关的话题:例如,新冠疫苗的科普、疫苗接种反应、儿童疫苗接种以及新冠疫苗的出口和分销。

5.2.4 "疫苗接种情绪"的情感分析结果

为了对整个研究期间2 353 435条微博中的情绪进行追踪和调查,我们构建了BERT情感分类器并进行微调。我们观察到有1 962 464条正面文本和392 971条负面文本,分别占所有微博的83.3%和16.7%。

图5-15描述了从2020年1月23日—2022年1月4日这732天中,网民的积极情绪和消极情绪以及日均情感值的趋势。我们通过F1分数确认了正、负向情感的最佳分类阈值为0.61。由此可见,日均情感值及其函数平滑曲线展示了研究期间公众情绪大多数为正面情绪。尽管如此,社会公众的情绪在接种新冠疫苗后(2020年12月)开始逐步下降,且随着接种人数的增加,公众对于疫苗的负面情绪越演越烈,直到大多数公民完成全程疫苗接种后(2021年10月)才有所回升。

通过图5-15中网民的正、负面发博趋势可以发现,随着新冠疫苗接种工作的正式推进,公众对于疫苗的正面评论数和负面评论数,都在不断升高。由此可见,随着国家大力提倡接种新冠疫苗,累计接种疫苗人次逐步增加,加之国内采取动态清零策略,使得疫情得到了有效控制,大大提高了社会公众抗击疫情的信心,极大地调动了公众积极乐观的情绪。然而,也有许多人对接种新冠疫苗持有观望态度,对于疫苗的安全性和副作用表示怀疑。更有甚者,一些人利用少数的疫苗接种后的不良反应在网络上大肆传播负面情绪,引起公众的恐慌。随着新冠毒株的不断变异和疫情的大规模扩散,疫苗接种的有效性遭到越来越多群众的怀疑,使得一部分的公众对新冠疫苗持负面态度。

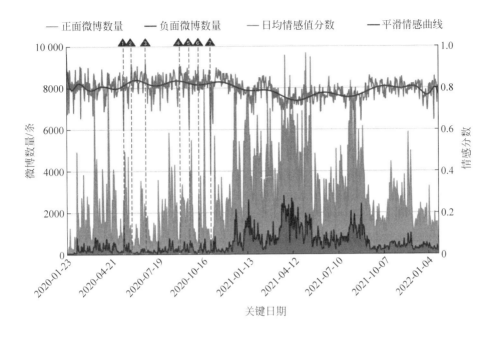

图 5-15　微博正负文本、日均情感值及平滑曲线(见文后彩图)

　　我们根据日均情感值曲线将 7 个波动最大的日期确定为情绪得分或微博数量的转折点。根据图 5-15,我们可以发现公众情绪波动最大的时间点均在新冠疫情暴发初期和新冠疫苗研发时期。第一次大震荡发生在 2020 年 5 月 14 日,我们对公众发布的微博进行溯源发现,这一天世界卫生组织称新冠病毒或永远不会消失,希望能够尽快研发出高度有效的疫苗。公众围绕这一新闻发表了大量负面和消极的评论,并表达了对疫苗和特效药的迫切需求,公众情绪急剧下降。而后,随着中国 5 款疫苗进入二期临床试验,灭活疫苗最快于 2020 年年底或 2021 年年初上市的消息在社交媒体平台上的传播和扩散,5 月 30 日公众的情绪达到顶峰。尽管公众情绪在疫苗研发的关键时期波动较大,但总体情绪比较高昂,6 月 27 日,世界卫生组织称已与中国多个疫苗研发团队合作,并计划 2021 年年底前向世界提供 20 亿剂新冠疫苗。这个新闻大大提高了公众对中国政府的赞赏和信赖,使得这一天的公众情绪再次达到顶峰。9 月 2 日,中国工程院院士陈薇在中央电视台大型公益节目中分享了新冠疫苗的研制过程,并称除了胜利,别无选择! 这一消息大大地激发了公众团结一致、共抗疫情的决心和信心,再次将正面舆论推向高潮。与此同时,国外的疫情和疫苗研发状况也受到中国公民的广泛关注,9 月 21 日,美国总统特朗普再次提及群体免疫,称即使没有疫苗,新冠病毒也会“消失”,全球健康智库国际便捷医疗组织总裁威廉·哈兹尔廷反驳该言论纯属幻想。这一鲁莽且无效的想法引起了公众的愤慨和热议,并对美国的疫情状况表示担忧,公众情绪陷入低谷。10 月 9 日,中国外交部发言人华春莹回应中国加入新冠肺炎疫苗实施计划,以实际行动促进疫苗在全球范围内的公平分配。公众对中国政府的这一举措表示安心和放心,中国演员杨洋公开回应,"国家的这种力量,给我们带来安全感!"这一举措再次将公众情绪引到顶峰。然而,不可否认的是,新冠肺炎的传染性是 1918 年以来所有流感病毒中最强的,中国国家传染病医学中心主任张文宏在 11 月 2 日称在疫苗或药物上市之前,运用非医疗手段来对抗疫情非常重要。这一客观但残酷的事实唤醒了群众焦虑和不安的情绪,使得公众情绪再次急剧下降。总的来说,尽管大部分群众对于新冠疫苗持有积极的态度,但仍有部分群众对疫苗持有怀疑态度。疫苗犹豫者延迟或抗拒接种疫苗的行为极大地阻碍了构建全民免疫屏障的步伐。为了更深入地了解影响公众情绪和疫苗观点的潜在驱动因素,探讨对疫苗持积极态度的人群(疫苗支持者)和对疫苗持观望或怀疑态度的人群(疫苗犹豫者)关注焦点的异同,我们分别对正面文本和负面文本进行 LDA 主题聚类。通过了解疫苗支持者的想法、关注点和讨论的话题,以期引导和扩大该类人群的正面情绪。更重要的是,通过深入了解疫苗犹豫者的顾虑和担忧,我们希望能够引导政府和媒体对这类人群进行针对性的沟通。

5.2.5　"疫苗接种情绪"以情感分类为基础的主题建模结果

疫苗支持者和疫苗犹豫者讨论的话题如表 5-6 和表 5-7 所示。显然,疫苗支持者讨论的话题更加积极正面(话题 1 和话题 3),还包含对战胜疫情的美好祝愿(话题 2)。而疫苗犹豫者讨论的话题更加负面(话题 7、话题 9、话题 10 和话题 12)。尽管疫苗支持者和疫苗犹豫者对于某些话题的讨论具有相似之处,但所表达的情绪却大相径庭。关于疫苗接种的话题,疫苗支持者更倾向讨论新冠疫苗对儿童的安全性以及有效性话题(话题 1 和话题 3);而疫苗犹豫者对于儿童的新冠疫苗接种持有怀疑态度,且更关注与疫苗有关的谣言和副作用(话题 8、话题 10 和话题 12)。关于新冠疫情的话题,疫苗支持者面对疫情发展态势具有更加客观和理性的态度,科学有序地配合疫情防控工作的开展(话题 5);而疫苗犹豫者更加关注德尔塔和奥密克戎等变异毒株的传播风险(话题 7)。值得注意的是,疫苗支持者和疫苗犹豫者均讨论了"中国各省、自治区、直辖市疫情防控政策"的话题(话题 4 和话题 11),尽管这个话题更加中性,但我们通过对这个话题下两者发表的微博进行溯源发现,疫苗支持者更加关注疫情防控的正面事迹和一线工作者,对于特殊时期各地的防控政策也予以更多包容和理解;而一些疫苗犹豫者在社交媒体上抱怨公开流调的新冠确诊病例,对防疫工作表示抗拒,并试图用假的健康码出行,等等。由此我们发现,公众对新冠疫苗的接受程度和对疫情的预判、以及疫情防控工作的配合程度呈高度相关性。

表 5-6　疫苗支持者讨论的 6 个疫苗相关主题

主题 1	北京科兴公司表示,新冠疫苗可以引发儿童的免疫反应
主题 2	战胜疫情的美好祝愿
主题 3	疫苗可以预防奥密克戎引发的严重疾病
主题 4	中国各省、自治区、直辖市的卫生防疫、预防和控制政策
主题 5	新冠肺炎疫情的全球发展趋势
主题 6	中国的新冠肺炎疫苗接种剂量

表 5-7　疫苗犹豫者讨论的 6 个疫苗相关主题

主题 7	新冠病毒变种的全球传播
主题 8	中国 3～11 岁儿童接种新冠疫苗
主题 9	中美股市在疫情期间的波动
主题 10	新冠肺炎疫苗的谣言
主题 11	中国各省、自治区、直辖市的卫生防疫、预防和控制政策
主题 12	新冠病毒的后遗症和疫苗的副作用

因此,我们需要有针对性地培养疫苗支持者的积极情绪,并减少和消除疫苗犹豫者的负面情绪。我们了解到,与疫苗有关的权威公告或科学文献更能引起疫苗支持者在社交媒体上的良好共鸣。同时,疫苗支持者更加关注全球疫情的发展态势和疫苗接种情况,也迫切需要了解更多地区性疫情防控政策,以便及时调整出行计划和配合有关工作的开展。对于这类人群,我们需要集结更多新媒体资源,报道更多疫情防控专题,引起更多的话题讨论热度。而疫苗犹豫者是我们更需要关注和接触的对象,一方面,他们在社交媒体上发表的消极观点和内容可能会说服更多人,将会一定程度上阻碍疫情防控与疫苗接种工作的有序开展;另一方面,他们是极有可能被说服接种疫苗的群体。因此,我们应该关注疫苗犹豫者关注的主题。例如,有关新冠病毒的变异和传播以及疫情的谣言,我们应该呼吁更多的媒体关注事实真相,客观报道实际情况,而不是为了博取点击量和热度添油加醋和有意引导,同时政府应该起到带头作用,第一时间向公众提供有关疫情的最新消息,用快速、真实、详细的信息击败谣言;而对于儿童疫苗的接种及副作用,中国政府应该充分利用基层力量,通过线上结合线下的方式尽可能为每一位普通民众普及疫苗接种知识,解答群众关心的热点问题,并及时回应群众关切,树立政府的良好公信力和权威形象。

5.2.6　"疫苗接种情绪"以情感分类为基础的情感预测结果

随着计算机、人工智能和大数据为代表的新一代信息技术的不断发展和创新,计算机获取数据的能力和计算能力大大提高。基于社交媒体大数据的情感预测正在形成一套解决社会问题的机制,为相关部门或机构实现重大应急决策提供了坚实的理论和实证研究[15-19]。为了更准确和提前地揭示公众对新冠疫苗接种的观点态度以及情感的演化过程,我们采用了基于机器学习和大数据技术的预测模型揭示疫苗支持者和疫苗犹豫者的"黑盒"。这对于提高疫苗接种率和减轻新冠肺炎疫情所带来的一系列公共卫生和经济危机的影响至关重要。

我们将前 7 天的情感得分作为预测模型的输入变量。原始数据集分为 60% 的训练集和 40% 的测试集。同时,将自回归(AR)模型、支持向量回归(SVR)模型、随机森林(random forest,RF)模型、梯度增强决策树(GBDT)模型和 Adaboost 模型作为情绪预测模型。其中,AR 作为一种计量经济学模型,通常被用于解决时间序列问题。SVR 模型、RF 模型、GBDT 模型和 Adaboost 模型是基于不同理论的经典机器学习模型,通常被用作机器学习的基准方法。

表 5-8 显示了不同模型之间的损失函数在测试集上的性能。在 MAE、MSE、RMSE 和 MdE 这些评价标准方面,SVR 情绪预测模型的表现优于其他四个基准模型,所得值分别为 0.0294、0.0014、0.0376 和 0.0243。Adaboost 模型的表现仅次于 SVR,排名第二,得分分别为 0.0320、0.0017、0.0410 和 0.0268。研究结果说明了机器学习在预测性能方面的优势。

表 5-8　基于不同模型的情绪得分预测结果

模型	MAE	MSE	RMSE	MdE
AR	0.0393	0.0024	0.0490	0.0331
SVR	**0.0294**	**0.0014**	**0.0376**	**0.0243**
RF	0.0376	0.0022	0.0472	0.0309
GBDT	0.0361	0.0021	0.0463	0.0306
Adaboost	0.0320	0.0017	0.0410	0.0268

注:加黑数字表示性能最佳。

我们将新冠疫苗舆情语料集中 2020 年 1 月 23 日—2021 年 4 月 8 日(总共 442 天)的数据作为训练集,将 2021 年 4 月 9 日—2022 年 1 月 24 日(共 290 天)的疫苗舆情评论数据输入到训练好的模型进行预测。为了更直观地反映模型的预测效果,我们在图 5-16 中展示了一些预测结果。

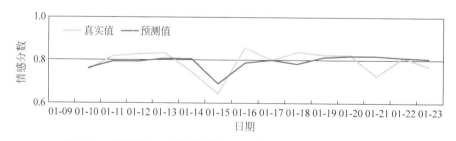

图 5-16　预测结果与测试数据的真实值之间的比较(见文后彩图)

图 5-16 描述了 2022 年 1 月 9 日—1 月 23 日疫苗公众情绪的预测值和实际值的演化过程。ROC 曲线与实际值之间的平均相对误差小于 5%,说明该模型较为

准确地预测了公众对疫苗的反应。政府和决策者可以根据预测曲线的拐点和转折点,提前制定舆情应对计划,以增强决策者的有限理性和治理能力,从而为社会决策提供实用的科学依据。

5.2.7 "疫苗接种情绪"的社交媒体大数据情感分析讨论

我们通过对每个月份的主题建模发现,公众在疫苗研发阶段主要关注国内外疫苗临床试验的进展和结果、国内外疫情的发展态势和世界经济形式,尤其关注美国股市状况,在美股经历了 4 次熔断后,公众展开了激烈的讨论。在疫苗正式推行初期,新冠疫苗的不良反应成为社交媒体上热议的话题,加之中国政府高效的防疫措施使得国内疫情暂时平稳,缺乏危机意识的民众不愿意接种新冠疫苗。随着新冠疫苗接种工作的推进,部分基层组织没有根据实际情况正确引导,执行"强制"和"无差别"的接种政策,造成了部分群众的不满。同时,随着新冠毒株的不断变异和传播,人们开始质疑新冠疫苗的有效性,并对新冠疫苗加强针和儿童疫苗产生了些许抵触心理。

结合公众的情绪变化来看,我们发现,公众在新冠疫苗研发阶段的整体情绪更加高昂,而在疫苗正式推行后,人们的情绪更加复杂,对新冠疫苗的期待和关注逐渐变成担忧和顾虑。这是由于疫苗支持者和疫苗犹豫者关注的焦点和主题存在较大的偏差。疫苗支持者更关心疫苗的有效性和数据新闻的客观报道,对疫情怀有更加积极乐观的心态。而疫苗犹豫者更担心新冠变异毒株的传播,新冠病毒的后遗症与疫苗的副作用,他们更容易相信有关新冠疫苗的谣言,即使这类人群中有人接种了新冠疫苗,但对疫情常态化仍然态度消极,拒不配合。根据国际清算银行理论,人们产生更多的负面情绪是为了自我保护[20]。因此,我们应该承认负面情绪的存在,并更加深入地了解疫苗犹豫者的想法、关注点及其情绪变化,制定针对性和差异化的解决方案,将更多疫苗犹豫者转变为疫苗支持者,以此更加高效地配合疫情防控工作的开展。相反,我们通过关注疫苗支持者所关心的话题,了解到疫苗支持者积极的情绪更倾向于反映群体凝聚力,而不是纯粹的个人情感(例如幸福)[21]。突发灾害或流行病等群体威胁使群体成为利益共同体,导致更有益的行为和社会团结[22]。因此,我们应该关注更多群体凝聚力的话题并在社交媒体上与公众产生良好的互动和共鸣,以此更大程度地调动疫苗支持者的积极情绪。

通过本研究构建的情绪预测模型,我们较为成功地预测了公众对疫苗接种的情绪演化,并且平均相对误差低于 5%。根据模型的预测结果,我们发现,随着疫苗的普及和接种工作的推进,公众对于疫苗的认知和接受程度逐渐升高,但偶尔受到负面新闻或假新闻的影响造成短时间内情绪的大幅波动。由此,政府和决策者可以根据预测曲线中出现的拐点和转折点来前置判断、分析和路演,不仅能够短时、高速处理各类突发衍生舆情,还能通过高效和超前的行动树立政府的良好公信力和权威形象。

　　在未来,我们将考虑如何结合微博数据的地理标签,对不同地区的用户进行更加细粒度的情感分析,并在更细的时间尺度下进行调查,以便在时空维度进一步探讨公众对疫苗的情感态度变化。随着新冠疫情步入常态化阶段,如果我们能够持续检测大流行期间公众的情绪演化,并将政策因素考虑在内,将公众的情绪变化作为衡量政府政策有效性的指标,这将是非常有意义的。更重要的是,本研究中使用的流程和方法可以应用于其他同类型的大规模公共卫生事件中,为政府快速了解舆情,制定和调整相关政策提供模型和实证支撑。

5.3　本章小结

　　本章以"魏则西事件"和"疫苗接种情绪"作为社交媒体大数据情感分析的实证案例。在5.1节的"魏则西事件"案例中,首先对"魏则西事件"的网络舆情进行梳理和专家剖析;其次,对天涯论坛的"魏则西事件"舆情文本进行爬取,并基于增强特征提取深度学习的多维度舆情分析模型进行舆情分析;最后对舆情分析模型的结果进行解析。在5.2节的"疫苗接种情绪"案例中,我们对新冠疫情以来(2020年1月23日—2022年1月23日(共732天))网民发表的有关新冠疫苗的微博进行挖掘和民意分析。首先,通过改进的LDA模型对微博内容进行主题建模,有效识别了公众在新冠疫苗研发和推行等不同阶段讨论的关键词和主题;其次,通过优化的BERT语言预训练模型对微博进行情感分析,刻画公众在不同阶段对疫苗的情感变化;再次,通过正面文本和消极文本的区分和建模,揭露了疫苗支持者和疫苗犹豫者关注的主题差异;最后,通过机器学习方法对公众情绪的走向进行了预测,为政府部门对进行新冠疫苗接种的宏观调控提供了现实意义和参考价值。

参考文献

[1]　王旭,孙瑞英.基于SNA的突发事件网络舆情传播研究——以"魏则西事件"为例[J].情报科学,2017,(3):87-92.

[2]　鹰眼舆情观察室.魏则西事件[EB/OL].[2022-03-17].http://www.eefung.com/hot-report/20160506141733-92964.

[3]　TWG I V. Technical guidelines for seasonal influenza vaccination in China (2021-2022)[J]. Zhonghua liu xing bing xue za zhi = Zhonghua liuxingbingxue zazhi, 2021, 42(10):1722-1749.

[4]　WANG C, HAN B, ZHAO T, et al. Vaccination willingness, vaccine hesitancy, and estimated coverage at the first round of COVID-19 vaccination in China: A national cross-sectional study[J]. Vaccine, 2021, 39(21): 2833-2842.

[5]　DEL R C, OMER S B, MALANI P N. Winter of Omicron—the evolving COVID-19 pandemic[J]. Jama, 2022, 327(4): 319-320.

[6]　TSAO S F, CHEN H, TISSEVERASINGHE T, et al. What social media told us in the time

of COVID-19：a scoping review[J]. The Lancet Digital Health，2021，3(3)：e175-e194.

[7] HU T，WANG S，LUO W，et al. Revealing public opinion towards COVID-19 vaccines with Twitter data in the United States：spatiotemporal perspective[J]. Journal of Medical Internet Research，2021：e30854.

[8] LU X，BRELSFORD C. Network structure and community evolution on twitter：human behavior change in response to the 2011 Japanese earthquake and tsunami[J]. Scientific reports，2014，4(1)：1-11.

[9] GUO S，FANG F，ZHOU T，et al. Improving Google flu trends for COVID-19 estimates using Weibo posts[J]. Data Science and Management，2021，3：13-21.

[10] ZHUANG M，LI Y，TAN X，et al. Analysis of public opinion evolution of COVID-19 based on LDA-ARMA hybrid model[J]. Complex & Intelligent Systems，2021，7(6)：3165-3178.

[11] FANG F，WANG T，TAN S，et al. Network Structure and Community Evolution Online：Behavioral and Emotional Changes in Response to COVID-19[J]. Frontiers in public health，2021，9(6)：1021-1025.

[12] LU A，LIN W. An integrated analysis of topical and emotional evolution of microblog public opinions on public emergencies[J]. Library and Information Service，2017，61(15)：120.

[13] WANG X，LI Y，LIU T，ZHANG L. Research on the collaborative model of sentiment analysis and topic mining of micro-blogging users in the context of COVID-19[J]. Journal of the China Society for Scientific and Technical Information，2021，40(3)：223-233.

[14] GUO F，JI X. Co-occurrence and correlation analysis of emergent topics and emotions in online health communities under public health emergencies[J]. Information Studies：Theory & Application，2020，45(4)：190-198.

[15] LI L，ZHANG Q，WANG X，et al. Characterizing the propagation of situational information in social media during covid-19 epidemic：A case study on weibo[J]. IEEE Transactions on Computational Social Systems，2020，7(2)：556-562.

[16] WENG F，CHEN Y，WANG Z，et al. Gold price forecasting research based on an improved online extreme learning machine algorithm[J]. Journal of Ambient Intelligence and Humanized Computing，2020，11(10)：4101-4111.

[17] WENG F，ZHANG H，YANG C. Volatility forecasting of crude oil futures based on a genetic algorithm regularization online extreme learning machine with a forgetting factor：The role of news during the COVID-19 pandemic[J]. Resources Policy，2021，73：102-148.

[18] ROY S，BHUNIA G S，SHIT P K. Spatial prediction of COVID-19 epidemic using ARIMA techniques in India[J]. Modeling Earth Systems and Environment，2021，7(2)：1385-1391.

[19] WENG F，MENG Y，LU F，et al. Differentiation of intestinal tuberculosis and Crohn's disease through an explainable machine learning method[J]. Scientific Reports，2022，12(1)：1-12.

[20] SCHALLER M，MURRAY D R. Pathogens，personality，and culture：disease prevalence predicts worldwide variability in sociosexuality，extraversion，and openness to experience [J]. Journal of Personality and Social Psychology，2008，95(1)：212.

[21] LI S，WANG Y，XUE J，et al. The impact of COVID-19 epidemic declaration on psychological consequences：a study on active Weibo users[J]. International Journal of Environmental Research and Public Health，2020，17(6)：2032.

[22] TZINER A. Group cohesiveness：A dynamic perspective [J]. Social Behavior and Personality：An International Journal，1982，10(2)：205-211.

第6章

总结与展望

本书着眼于社交媒体文本大数据，借助深度学习技术，围绕情感分析这一主线，将其融入至社会热点事件网络舆情的社会治理场景中。本章是本书的最后一章，主要包括两个方面的内容：第一，对前述章节的研究内容进行全面的回顾和总结；第二，结合研究结果对未来的研究进行展望。

6.1 研究总结

第 1 章和第 2 章作为本书的理论基础篇，全面回顾、梳理和总结了社交媒体大数据情感分析和网络爬虫与数据预处理的概念体系和研究理论。第 1 章首先梳理了社交媒体大数据与社会治理的关系，分析了当前社交媒体大数据情感分析的困境和意义；其次对社交媒体大数据的基本概念、特征、来源和分类进行了归纳，并概述了社交媒体大数据情感分析的基本理论，包括信息生态论、传染病学理论等信息传播相关理论，突发公共事件的概念与分级分类标准、网络舆情的概念与构成要素、情绪的含义及分类理论等网络舆情相关理论，以及应急管理理论和公共治理理论等应急管理相关理论；最后对社交媒体大数据情感分析的研究进展、现状及趋势进行了国内外研究综述，具体包括社交媒体文本数据挖掘方法、表示学习技术、文本情感计算任务和舆情计算应用四个方面。

第 2 章不仅从理论层面对社交媒体大数据网络爬虫的基础知识、爬虫库、爬虫框架和文本预处理的工具、方法、流程进行了梳理总结，也从应用实践层面结合具体案例进行了代码的设计与实现。首先归纳了网络爬虫的定义、流程、类型和常用工具；其次总结了网页和网站的基础知识，包括网页和网站的构成及网页开发者工具；再次介绍了几种常见的基于 Python 的爬虫库，包括 requests、BeautifulSoup、re 正则化库和 selenium，并对时下最流行的 requests 库的安装和使用进行了详细的说明，再通过爬取百度贴吧的实例让初入门的读者更加了解和掌握 requests 爬虫库的使用；再次介绍了 Scrapy、Crawley、Portia、newspapaer、Python-goose 5 款常用的 Python 爬虫框架，并以爬取微博的案例讲解了 Scrapy 爬虫框架的操作步骤；最后，归纳了文本数据预处理常用的工具和方法，提出了一套完整的文本数据预处理流程，并结合爬虫实例获取的原始数据进行了操作说明。

第 3 章和第 4 章作为本书的模型方法篇，着重讲解了社交媒体大数据情感分析的方法和技术，并基于现有的模型算法构建了改进的智能情感分析模型框架。第 3 章首先梳理了社交媒体大数据情感分析的基础方法、常用方法和智能方法；其次，总结了社交媒体大数据智能情感分析的关键技术，包括信息抽取技术、情感分析技术、谣言检测技术和热点发现技术等；最后，对预训练模型、循环神经网络模型、卷积神经网络模型、注意力机制等智能情感分析的理论基础模型进行了归纳。在此基础上，第 4 章构建了以主题分析模型、情感分析模型和情感预测模型为主体的社交媒体大数据智能情感分析全流程建模框架。在社交媒体大数据主题分析建模中，首先介绍了主题建模的原理和优势，其次构建了改进的 LDA 主题模型；在社交媒体大数据智能情感分析建模中，详细介绍了 RAE 深度学习情感分类模型和 BiLSTM-CRF 情感实体抽取模型，然后，将改进的 LDA 模型嵌入至 BERT 模型中，构建了改进的 BERT 预训练模型，从多维视角实现了主题情感的细粒度情感分类任务；在社交媒体大数据智能情感预测建模中，利用主题模型和情感分析模型的抽取和分类结果对情感预测模型进行迭代训练；通过对三个模型算法的整合优化，构建了社交媒体大数据智能情感分析框架。

第 5 章作为本专著的案例应用篇，选取了"魏则西事件"和"疫苗接种"两例曾在网络上引起轩然大波的突发公共事件，在第 4 章改进的智能情感分析模型的基础上进行了研究和实证分析。本章首先对案例的社交媒体舆情进行了梳理和剖析；其次，对相关的社交媒体文本数据进行爬虫和数据预处理，再通过智能情感分析模型进行主题抽取和情感分类；最后，对社交媒体大数据舆情的情感演化进行预测分析。结合情感分析的结果，为政府及有关部门进行社交媒体大数据突发公共事件舆情的宏观调控和预警预案提供了理论依据和实证案例。

6.2　研究展望

本书构建了社会热点事件的全流程智能情感分析模型并付诸实践，是基于大数据技术对网络舆情情感分析的进一步研究，信息技术发展日新月异，舆情分析工作也不断发生变化,在未来的研究中,本书的研究成果也需要不断丰富。

首先,面向多源异构数据融合的表示学习。与传统的结构化数据相比,社会热点事件数据主要为非结构化数据,文本、图片、音频、视频等多种模态形式并存且相互关联,数据组织相对多元,具有典型多源异构数据特点。基于深度学习的分布式表示学习方法来表示多模态多源内容语义及时空特征,将有可能有效解决多源数据融合分析问题。

其次,面向社会热点事件的多模态多源数据融合分析。传统网络舆情分析系统,主要针对网络文本内容进行分析和处理。在移动互联网及社交媒体高度发达的今天,网络信息将更多以图像、音频以及视频等模态呈现。因此仅仅依托传统单一文本无法实现全方位精准的舆情监测与预警。借助当前深度学习技术在语音理解、图像识别以及文本情感计算的突破性进展,将有可能进一步提高舆情监测预警的精度和效率。

最后,面向社会热点事件的多模态多源数据预测研究。设计基于多模态多源数据的社会热点舆情事件图神经网络模型,通过对社会热点舆情事件的传播节点和关系予以界定,并厘清节点间的耦合关系,来建模真实环境下舆情传播网络,从而使图模型具备对社会热点舆情事件的深度认识和精准预测能力,将有可能实现有效的舆情干预和舆情风险化解。将语音、图像、文本等多种模态和多源数据分析与社会热点事件舆情监测预警任务相结合,以期在多模态内容融合分析的理论方法与关键技术方面有所突破,在示范应用方面满足国家对网络空间进行科学管理的重大战略需求,提高我国网络空间科学管理的能力,为维护社会稳定、保障国家安全提供技术支撑。

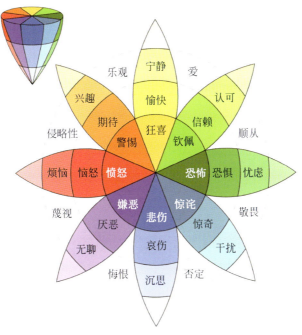

图 1-6 Plutchik 的情绪三维模型

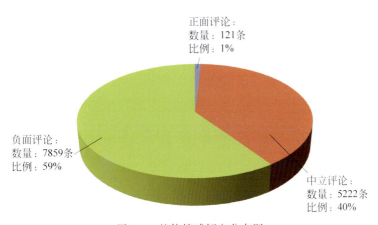

正面评论：
数量：121条
比例：1%

负面评论：
数量：7859条
比例：59%

中立评论：
数量：5222条
比例：40%

图 5-1 整体情感倾向分布图

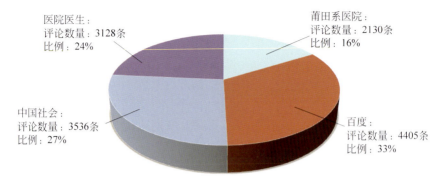

医院医生：
评论数量：3128条
比例：24%

莆田系医院：
评论数量：2130条
比例：16%

中国社会：
评论数量：3536条
比例：27%

百度：
评论数量：4405条
比例：33%

图 5-2　主题数量分布图

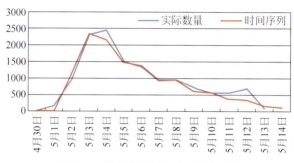

图 5-4　评论数量时间序列走势图

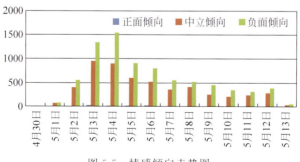

图 5-5　情感倾向走势图

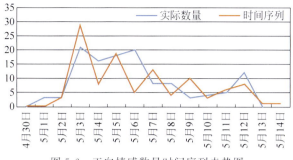

图 5-6 正向情感数量时间序列走势图

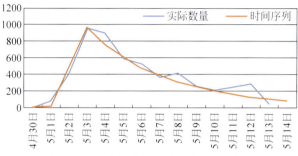

图 5-7 中立情感数量时间序列走势图

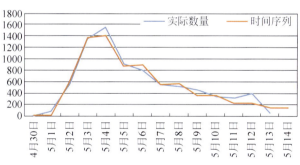

图 5-8 负面情感数量时间序列走势图

图 5-9 "莆田系医院"时间序列情感倾向分布

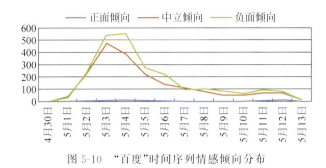

图 5-10 "百度"时间序列情感倾向分布

图 5-11 "中国社会"时间序列情感倾向分布

图 5-12 "医院医生"时间序列情感倾向分布

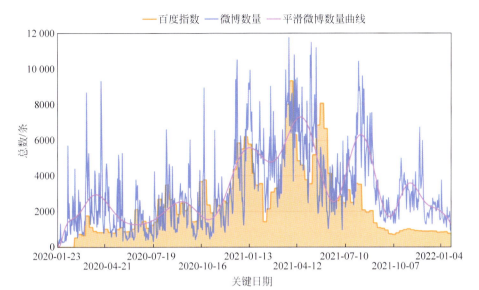

图 5-13　微博数量和百度指数的演化趋势

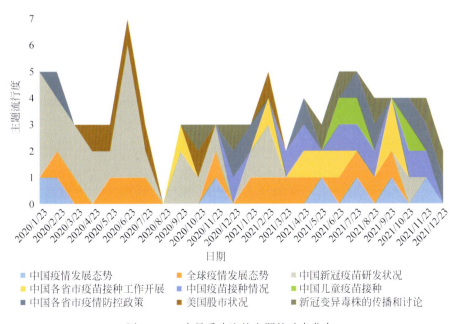

图 5-14　9 个最受欢迎的主题的动态分布

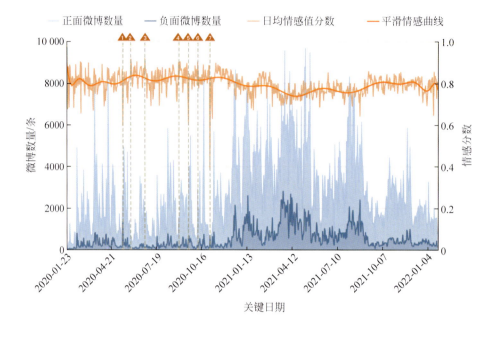

图 5-15　微博正负文本、日均情感值及平滑曲线

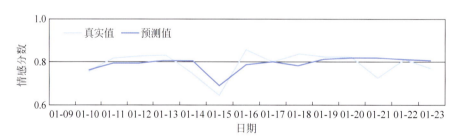

图 5-16　预测结果与测试数据的真实值之间的比较